Vorwort

Das vorliegende „Handbuch zur Betriebsanalytik auf Kläranlagen" soll das Betriebspersonal, bei der Anwendung der gängigen Analysenverfahren und bei einer qualitätsgesicherten (nach Arbeitsblatt DWA-A 704) Überwachung von Kläranlagen unterstützen. Insbesondere den Auszubildenden sowie Neu- und Quereinsteigern wird ein schneller Zugang zu den gebräuchlichsten Analysenmethoden bei der Überwachung der Abwasserreinigung und der Schlammbehandlung ermöglicht.

Eine gewissenhafte und nachvollziehbare Arbeitsweise und Anwendung der Analysenmethoden ist eine zentrale Voraussetzung zur Erlangung von qualitätsgesicherten Messergebnissen. Diese Messergebnisse versetzen das Betriebspersonal erst in die Lage, die ihnen anvertrauten Anlagen sowohl verfahrenstechnisch als auch wirtschaftlich optimal zu betreiben. Die lückenlose Dokumentation der Messergebnisse in den Betriebstagebüchern und den Berichten der Betreiber ist die Grundlage, den Bürgern und Behörden die Bedeutung der Abwasserreinigung für den Gewässerschutz transparent zu belegen.

Die verschiedenen Mess- und Bestimmungsmethoden wurden bis heute soweit perfektioniert, dass das Betriebspersonal der Kläranlagen bei der richtigen Durchführung der Analysemethoden und Anwendung der einschlägigen Qualitätssicherungsmaßnahmen den Vergleich mit den Referenzlaboratorien nicht zu scheuen braucht.

März 2017
B. Cybulski (Pforzheim)
G. Schwentner (Stuttgart)

Periodensystem der Elemente

- Edelgase
- Halogene
- Nichtmetalle
- Metalle
- Lanthanoide / Actinoide
- Übergangsmetalle
- Erdalkalimetalle
- Alkalimetalle

POLONIUM ← Elementname
209,98 ← Relative Atommasse
Po ← Elementsymbol
☢ ← Radioaktiv
84 ← Ordnungszahl

002

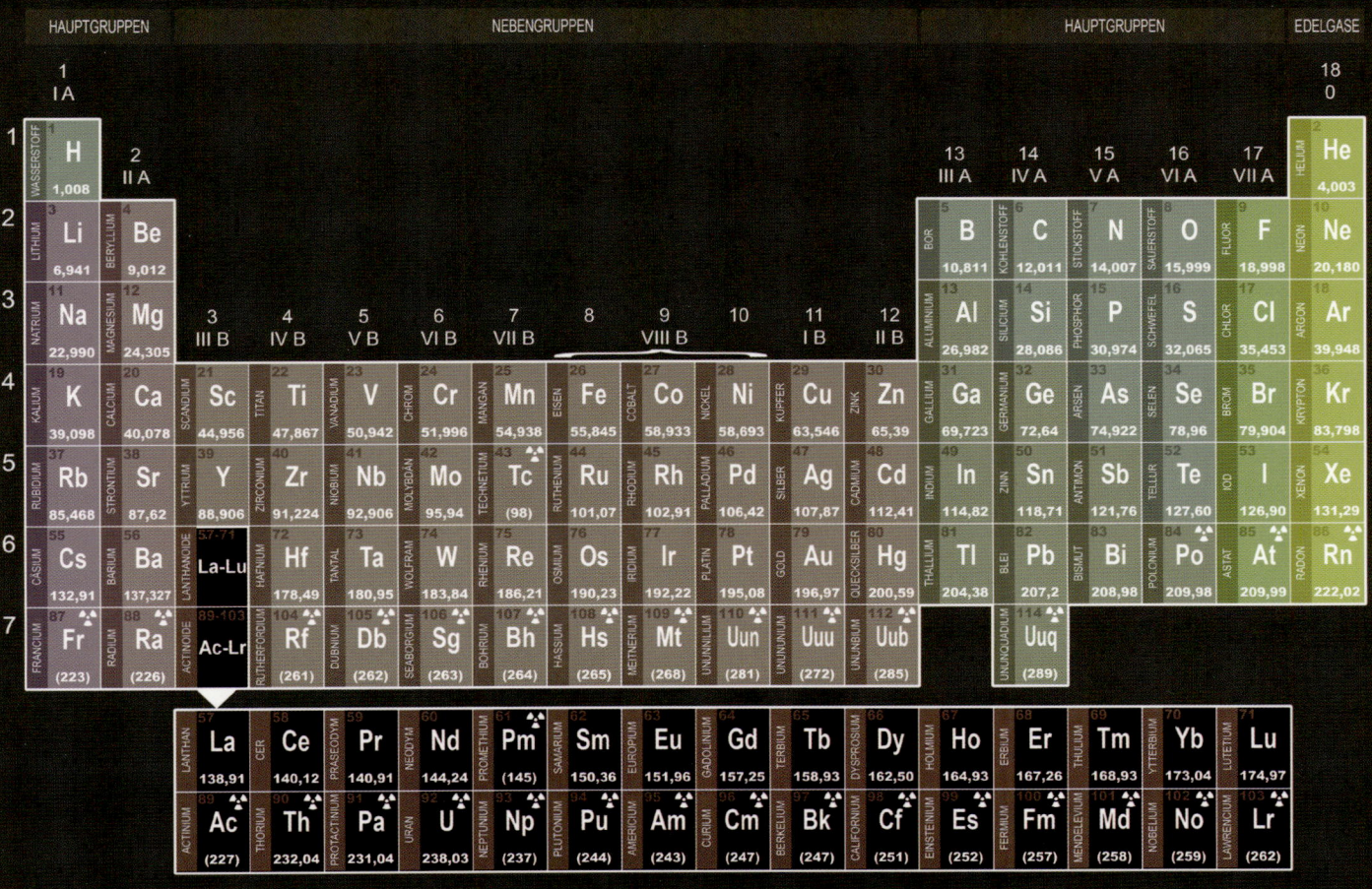

Inhaltsverzeichnis

Mit * gekennzeichnete Bestimmungen gehen über das Klärwärtergrundkurswissen hinaus

002	Periodensystem der Elemente

▶ 1 Allgemeine Hinweise zu Laborarbeiten

006	1.1 Schutzmaßnahmen und Verhaltensregeln im Labor
008	1.2 Probenahme auf Kläranlagen
016	1.3 Probenvorbehandlung
021	1.4 Pipettieren
025	1.5 Herstellen von Lösungen
028	1.6 Verdünnen von Wasserproben und Lösungen
032	1.7 Stamm- und Standardlösungen

▶ 2 Wassermessungen und Untersuchungen

036	2.1 pH-Wert
038	2.2 Elektrische Leitfähigkeit
041	2.3 Absetzbare Stoffe
042	2.4 Abfiltrierbare Stoffe
044	2.5 Sauerstoff gelöst
046	2.6 Wasserhärte
048	2.7 Dichte-Bestimmung mittels Pyknometer *
050	2.8 Säurekapazität ($Ks_{pH4,3}$) *
053	2.9 Temperatur
054	2.10 Alkalität in Fällmitteln *

056	2.11	Kaliumpermanganat-Verbrauch ($KMnO_4$) *
059	2.12	Chemischer Sauerstoffbedarf (CSB)
062	2.13	Biochemischer Sauerstoffbedarf in 5 Tagen (BSB_5) - Oxi-Top-Methode
064	2.14	Biochemischer Sauerstoffbedarf in 5 Tagen (BSB_5) - Verdünnungsmethode *
067	2.15	Stickstoff gesamt (TN_b) nach der Oxidation
070	2.16	Nitrat-Stickstoff (NO_3^--N)
072	2.17	Ammonium-Stickstoff (NH_4^+-N)
074	2.18	Nitrit-Stickstoff (NO_2^--N)
076	2.19	Phosphor gesamt (P_{ges})
078	2.20	Aluminium (Al^{3+})-Bestimmung in Fällmitteln *
081	2.21	Chlorid(Cl^-)-Bestimmung *
082	2.22	Eisen (Fe^{3+})-Bestimmung in Fällmitteln *

3 Schlammmessungen und Untersuchungen

084	3.1	Organische Säuren (HAc_{eq}) im Schlamm
086	3.2	Schlammvolumenanteil des Belebtschlammes (SV)
088	3.3	Trockensubstanz des Belebtschlammes (TS)
090	3.4	Schlammindex (ISV)
091	3.5	Glühverlust des Belebtschlammes (GV)
094	3.6	Trockenrückstand (TR) eines Schlammes
096	3.7	Glühverlust eines Schlammes (GV)

100	*	Begriffe (im Text mit * gekennzeichnet)
104		Literatur

1.1 Schutzmaßnahmen und Verhaltensregeln im Labor

006

- Im Labor ist Essen, Trinken und Rauchen verboten.

- Ausgänge und Fluchtwege sind frei zu halten.

- Schutzkleidung (Schuhe, Arbeitsmantel und Schutzbrille) sind beim Arbeiten im Labor ständig zu tragen. Mit Chemikalien verschmutzte Kleidung sofort tauschen.

- Ordnung und Sauberkeit ist am Arbeitsplatz zu halten.

- Verbrauchte Reagenzien sind sachgerecht zu entsorgen.

- Laborabfälle für die Entsorgung in den bereitgestellten Gefäßen getrennt sammeln.

- Kontrolle der Not- und Augenduschen muss regelmäßig durchgeführt und dokumentiert werden.

- Chemikalien dürfen niemals in Behältern für Lebensmittel aufbewahrt werden.

- Um Verwechslungen zu vermeiden, müssen alle Chemikalienbehälter eindeutig beschriftet werden (Bezeichnung des Inhalts, Datum, Gefahrsymbol).

- Beim Verlassen des Labors Hände waschen und desinfizieren.

- Die Gefahrhinweise, Sicherheitsratschläge bei Gefahrstoffen und Betriebsanweisungen sind zu beachten.

Gefahrenpiktogramme nach Global Harmonisiertem System (GHS)

GHS01
Explodierende Bombe
Bsp.
- Explosive Stoffe

GHS02
Flamme
Bsp.
- Entzündbare Flüssigkeiten

GHS03
Flamme über einem Kreis
Bsp.
- Oxidierende Feststoffe

GHS04
Gasflasche
Bsp.
- Gase unter Druck

GHS05
Ätzwirkung
Bsp.
- Hautätzend Kat. 1
- Korrosiv gegenüber Metallen, Kat. 1

GHS06
Totenkopf mit gekreuzten Knochen
Bsp.
- Akute Toxizität, Kat. 1-3

GHS07
Ausrufezeichen
Bsp.
- Akute Toxizität, Kat. 4
- Hautreizend, Kat. 2

GHS08
Gesundheitsgefahr
Bsp.
- Karzinogenität, Kat. 1A/B, 2
- Aspirationsgefahr

GHS09
Umwelt
Bsp.
- Gewässergefährdend

Signalwörter
Das Signalwort wird zusätzlich auf dem Etikett angegeben. Die Signalwörter richten sich nach der Schwere der Gefahr und sollen auf den ersten Blick die potentielle Gefährdung signalisieren.

Die Signalwörter lauten:
- **GEFAHR**
- **ACHTUNG**

Das Signalwort „Gefahr" kennzeichnet schwer wiegende Gefährdungen. Das Signalwort „Achtung" wird bei Kategorien mit geringeren Gefährdungen verwendet. Auch wenn auf dem Etikett mehrere Piktogramme abgebildet sind, wird nur ein Signalwort angeben, immer das mit der schwer wiegenden Gefahr.

1.2 Probenahme auf Kläranlagen

008

1. Die Bedeutung der Probenahme ist daran erkennbar, dass für die Probenahme eigene DIN - Vorschriften (DEV 38 402- A 11) ausgearbeitet wurden. Damit sollen fehlerbildende Einflüsse minimiert, die Vergleichbarkeit der Ergebnisse und deren Aussagekraft erhöht werden.

2. Proben werden auf den Kläranlagen entnommen, um Messungen und Analysen durchzuführen, die eine Aussage über die Wasserbeschaffenheit zur einer vorgegebenen Zeit und Ort zulassen.

3. Die Proben sind aus einem gut durchmischten Bereich zu entnehmen. Bei Schaumbildung werden die Proben unterhalb der Wasseroberfläche (z.B. bei Belebtschlammproben) entnommen.

4. Die Schöpfgeräte und Behälter sind sorgfältig zu reinigen.

5. Die Proben sollten unmittelbar nach der Entnahme untersucht werden. Bei Transport der Proben sind diese zu konservieren (Kühlbox 2 – 5 °C), um den Temperatureinfluss zu vermeiden.

6. Hinweise bei speziellen Problemen zur Probenahme und Probenvorbereitung müssen im Betriebstagebuch festgehalten werden.

7. Unfallverhütungsvorschriften sind bei der Probenahme genau zu beachten.

8. Die häufigsten Arten der Probenahme im Klärwerksbereich sind:

Durchführung:

Bild 1

Bild 2

Stichproben - werden zur Bestimmung instabiler Parameter (z.B. gelöster Sauerstoff) von Hand mittels eines Schöpfbechers genommen *(Bild 1)*.

Das Probevolumen sollte mindestens 1 Liter betragen. Der Zeitpunkt der Probenahme ist zu dokumentieren. Schöpfgeräte sind in Fließrichtung zu bewegen. Berührungen mit der Gerinnewand oder der Gerinnesohle sind zu vermeiden.

Wenn zur Beweissicherung Stichproben gezogen werden, sind diese genau zu beschriften (Probenahmezeit, Probenahmeort, Geruch, Farbe).

Qualifizierte Stichprobe (QSP)* - es werden mindestens 5 Stichproben, im Abstand von nicht weniger als 2 Minuten und über eine Zeitspanne von höchstens 2 Stunden gezogen und zu einer Mischprobe vereint *(Bild 2)*.

Um eine Verunreinigung der Probe auszuschließen ist der Schöpfbecher und der Eimer vor der Probenahme mit dem Probewasser mehrmals zu spülen.

Um die Minderbefunde bei der Analyse zu vermeiden, ist vor dem Umfüllen der Probe in einen Transportbehälter, für eine gute Durchmischung zu sorgen.

010

Bild 3 — Bild 4

Durchfluss-, volumen-, zeitproportionale Mischproben

Die 24-h-Mischproben werden in der Praxis mittels automatischer Probenahmegeräte entnommen *(Bild 3, 4)*. Diese Geräte sind inzwischen anwenderfreundlich programmierbar (Probenahme ist über mehrere Tage möglich).

Die Entnahme von Mischproben ist dann sinnvoll, wenn die Ermittlung des Wirkungsgrades einer Abwasserreinigungsanlage über einen bestimmten Zeitraum, i.d.R. 24 Stunden untersucht werden soll. In einzelnen Bundesländern ist die Entnahme von 24 Stunden Mischproben für die Überwachung der Kläranlage vorgeschrieben.

Bild 5

Durchfluss-, volumen-, zeitproportionale Mischproben
(bei bestimmten Ereignissen mit einer automatischen Entleerung der Probenahme-Gefäße)

Die Proben können ereignisabhängig *(stoßweise Einleitungen, hohe pH-Werte, Spitzenfrachten von Störsubstanzen wie Fette, Blut, Farbe)* über mehrere Stunden oder Tage entnommen werden *(Bild 5)*.

Diese Geräte können z.B. bei der Überwachung von problematischen Indirekteinleitern oder bei der Überprüfung von bestimmten Betriebssituationen auf der Kläranlage eingesetzt werden.

Qualitätssicherung der entnommenen Wassermengen

Für die Überprüfung der Probemenge wurde eine IQK-Karte 8 (DWA - A 704) entwickelt.
Qualitätskontrolle bei der Mengenüberprüfung eines Probenahmegerätes besteht aus folgenden Punkten:

Durchführung:

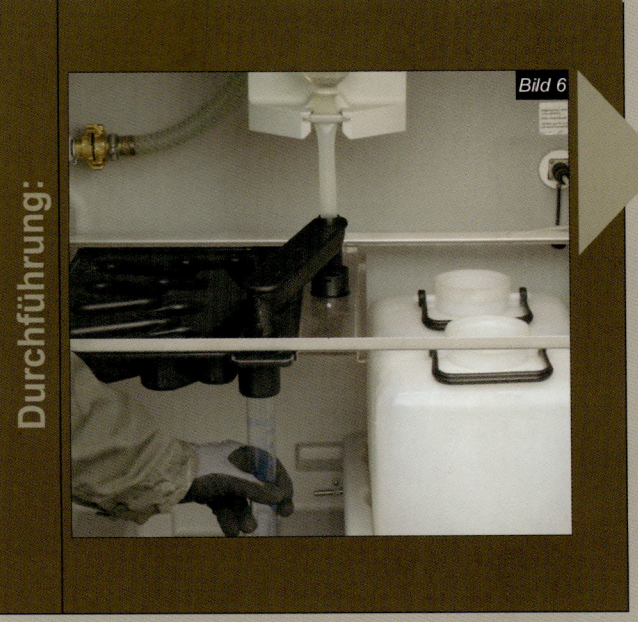

Bild 6

- **Kontrolle der Probenmenge von einem Impuls:**

    Es wird im Menü „**Manuelle Probenahme**" eine Handprobe gezogen. Die Probe wird aufgefangen und das Volumen mittels eines Messzylinders bestimmt. Die Probemenge muss so angepasst werden, dass bei starkem Regen die Überfüllsicherung nicht aktiviert wird. Im Falle eines Sammelbehälters muss das Volumen des Behälters berücksichtigt werden. Die Einzelprobemenge wird in der IQK-Karte 8 als **ml/Impuls** bezeichnet *(Bild 6)*.

- **Kontrolle der Impulsanzahl:**

    Beim Vorliegen der Wassermenge (Zulauf Klärwerk) und der Angabe nach wie vielen m³ ein Impuls das Gerät zu einer Probenahme auffordert, besteht die Möglichkeit, die Anzahl der Impulse zu berechnen (IQK-Karte 8). Die berechnete Anzahl der Impulse multipliziert mit Wassermenge/Impuls ergibt die Soll-Probemenge im Gerät, die mit der Ist-Probemenge (Inhalt der Probenahmegefäße) verglichen wird.

- **Manuelle Wassertemperaturüberwachung im Probenraum:**

    Stationäre Geräte haben in der Regel eine Thermostatisierung. Diese regelt die Probentemperatur auf einen Wert unter 5 °C. Kontrolle dieser Einrichtung erfolgt, indem man bei laufendem Gerät die Temperatur des Wassers mit einem externen Thermometer misst.

012

IQK-Karte 8	Plausibilitätsprüfung des automatischen Probenahmegerätes						
Volumenproportional							
Abwasseranlage:	*Kleinstadt*						

	1	2	3	4	5	6	7	8
1	**Probenahmeort:**	*Ablauf*	**Verantwortlich (Name)**		*Mustermann*		**Datum**	*13.07.2012*
2	**In das Probengefäß werden:**		*43*	*ml/Impuls* **dosiert**			**Temp. soll** *(°C)*	**Temp. ist** *(°C)*
3	**Die Proben werden alle:**		*300*	*m³/Impuls* **gezogen**			**< 5**	*3,5*
	Probenahmezeit von - bis	**Wassermenge** (gemessen) *m³*	**Probemenge** (gemessen) *ml*	**Impulse** (berechnet) *Anzahl*	**Hub** (real) *Anzahl*	**Probemenge** (berechnet) *ml*	**Bemerkung / Maßnahme**	
4	08:00 - 08:00	40.000	5.250	133,33	133	5.719		
5	**Summe:**	**40.000**	**5.250**	**133,33**	**133**	**5.719**		
6	Abweichung *(ml)*			469				
7	Abweichung *(%)*			8,2				
8	Zulässige Abweichung (QZ) *(%)*			10				

Erläuterungen zu IQK-Karte 8 (Sp für Spalte, Z für Zeile):

Zelle: Sp1 Z4	Probenahmezeit (z.B. 24h Mischprobe)
Zelle: Sp2 Z4	Wassermenge vom Tagesprotokoll von der entsprechenden 2h bzw. 24h Mischprobe
Zelle: Sp3 Z4	Wassermenge von der 2h bzw. 24h Mischprobe, die mit dem Messzylinder gemessen wurde (Istwert).
Zelle: Sp4 Z4	Impuls- Berechnung (Sp2 / Zelle:Sp3 Z3)
Zelle: Sp5 Z4	Anzahl der Impulse die in Probengefäß tatsächlich erfolgt sind (Handeingabe unter Bezug der Sp4)
Zelle: Sp6 Z4	Wassermenge berechnet (Soll-Wert) (Sp5 · Zelle:Sp3 Z2))
Zelle: Sp7 Z3	Temperatur soll
Zelle: Sp8 Z3	Temperatur ist
Sp7 u Sp8	Bemerkung und Maßnahme bei Abweichung vom Qualitätsziel
Zelle: Sp3 Z3	Wassermenge, ab der ein Impuls von Durchflussmessung an Probenehmer zur Probenahme auffordert.
Zelle: Sp3 Z2	Eingestellte Probemenge, die je Impuls in Probengefäß dosiert wird (Handeingabe)
Zelle: Sp4 Z6	Abweichung in ml - Rechnung: (Zelle:Sp6 Z5 - Zelle:Sp3 Z5) (Sollwert - Istwert) von der Gesamtprobemenge
Zelle: Sp4 Z18	Abweichung in %- Rechnung: (Zelle:Sp4 Z6/100/Sp6 Z5)
Zelle: Sp4 Z8	Zulässige Abweichung von den betrieblichen Festlegungen (Handeingabe)

014

IQK-Karte 8   Plausibilitätsprüfung des automatischen Probenahmegerätes

Zeitproportional

Abwasseranlage: *Kleinstadt*

	1	2	3	4	5	6	7	8
1	Probenahmeort:	*Ablauf*	Verantwortlich (Name)		*Mustermann*		Datum	*13.07.2012*
2	In das Probengefäß werden:		*43*	ml/Impuls **dosiert**			**Temp. soll** *(°C)*	**Temp. ist** *(°C)*
3	Die Proben werden alle:		*30*	Minuten/Impuls **gezogen**			**< 5**	*3,5*
	Probenahmezeit von - bis	**Wassermenge** (gemessen) m³	**Probemenge** (gemessen) ml	**Impulse** (berechnet) *Anzahl*	**Hub** (real) *Anzahl*	**Probemenge** (berechnet) ml	**Bemerkung / Maßnahme**	
4	08:00 - 08:00	40.000	2.120	48	133	2.064		
5	**Summe:**	**40.000**	**2.120**	**48**	**133**	**2.064**		
6	Abweichung *(ml)*			-56				
7	Abweichung *(%)*			-2,7				
8	Zulässige Abweichung (QZ) *(%)*			10				

Erläuterungen (Sp für Spalte, Z für Zeile):

Zelle: Sp1 Z4	Probenahmezeit (z.B. 24h Mischprobe)
Zelle: Sp2 Z4	Wassermenge vom Tagesprotokoll von der entsprechenden 2h bzw.24h Mischprobe
Zelle: Sp3 Z4	Wassermenge von der 2h bzw.24h MP, die mit dem Messzylinder gemessen wurde (Istwert).
Zelle: Sp4 Z4	Impuls- Berechnung (1440/ Zelle:Sp3 Z3)
Zelle: Sp5 Z4	Wassermenge berechnet (Soll-Wert) (Sp4 Z4 * Zelle:Sp3 Z2))
Zelle: Sp6 Z3	Temperatur soll
Zelle: Sp7 Z3	Temperatur ist
Sp6 und Sp7	Bemerkung und Maßnahme bei Abweichung vom Qualitätsziel
Zelle: Sp3 Z3	Zeit, ab der ein Impuls den Probenehmer zur Probenahme auffordert (Handeingabe)
Zelle: Sp3 Z2	Eingestellte Probemenge, die je Impuls in Probengefäß dosiert wird (Handeingabe)
Zelle: Sp4 Z6	Abweichung in ml - Rechnung: (Zelle:Sp5 Z5 - Zelle:Sp3 Z5) (Sollwert - Istwert).
Zelle: Sp4 Z7	Abweichung in %- Rechnung: (Zelle:Sp4 Z6/100/Sp5 Z5)
Zelle: Sp4 Z8	Zulässige Abweichung von den betrieblichen Festlegungen (Handeingabe)

1.3 Probenvorbehandlung

Übersicht zur Vorbehandlung der Abwasserproben

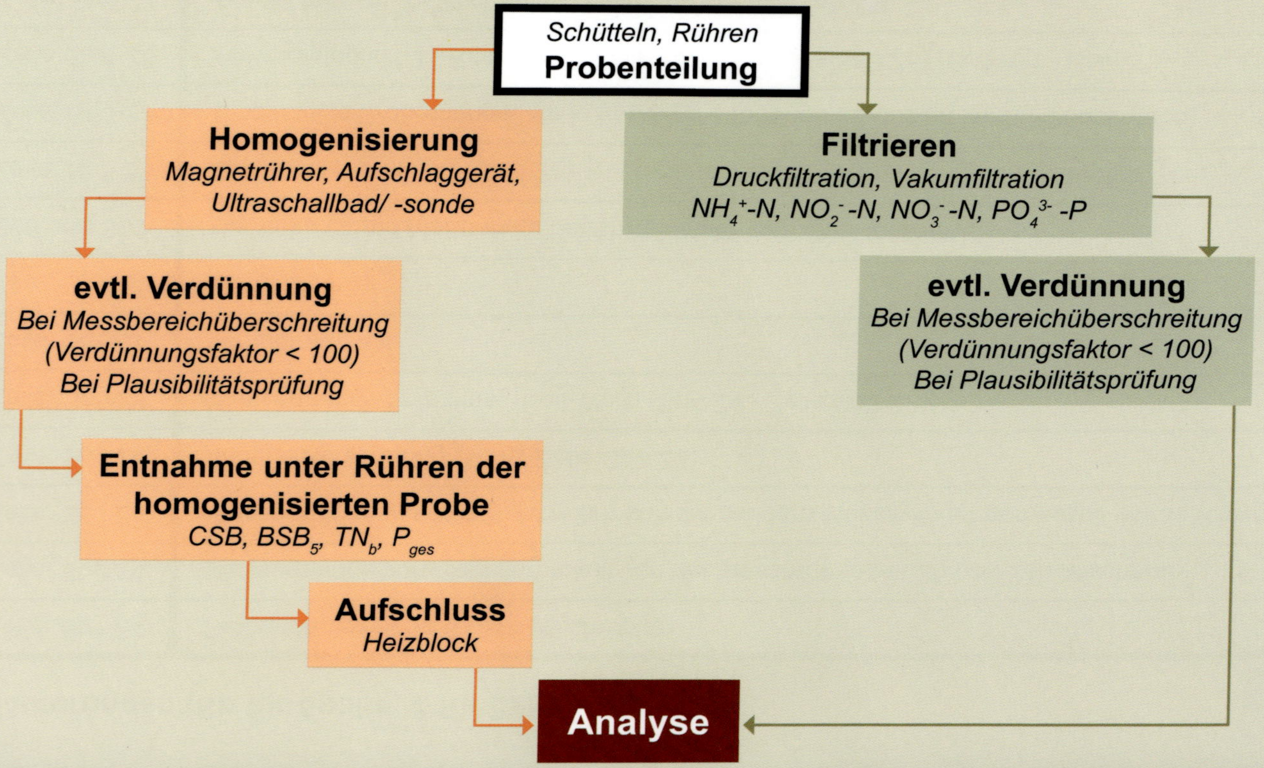

Schütteln, Rühren
Probenteilung

Homogenisierung
Magnetrührer, Aufschlaggerät,
Ultraschallbad/ -sonde

Filtrieren
Druckfiltration, Vakumfiltration
NH_4^+-N, NO_2^--N, NO_3^--N, PO_4^{3-}-P

evtl. Verdünnung
Bei Messbereichüberschreitung
(Verdünnungsfaktor < 100)
Bei Plausibilitätsprüfung

evtl. Verdünnung
Bei Messbereichüberschreitung
(Verdünnungsfaktor < 100)
Bei Plausibilitätsprüfung

Entnahme unter Rühren der
homogenisierten Probe
CSB, BSB_5, TN_b, P_{ges}

Aufschluss
Heizblock

Analyse

Durchführung:

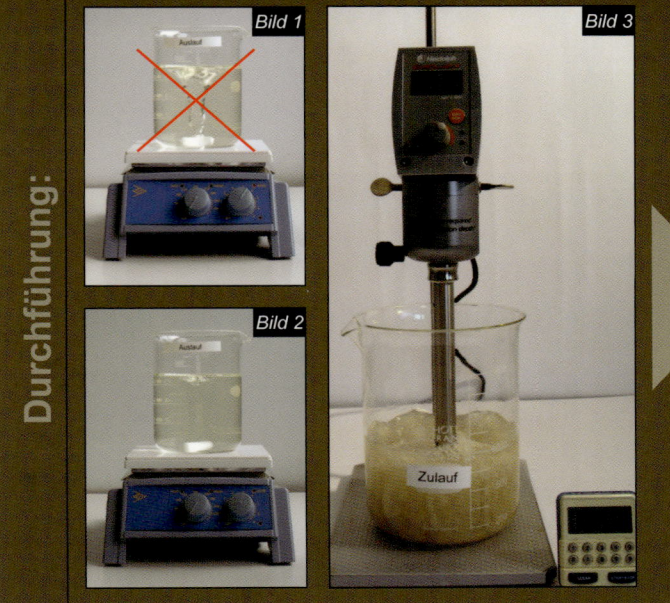

Homogenisierung

- Abwasserproben, die eine erkennbare Trübung oder einen Bodensatz haben, sind durch Einsatz eines Magnetrührers (Größe des Magnetrührstäbchens soll etwa bei 1/3 des Gefäßdurchmessers liegen) bei einer Frequenz von 700 bis 900 Umdrehungen/ Minute zu homogenisieren. Die Rührfrequenz so einstellen, dass sich ein Trichter bildet, der etwa 10% der Flüssigkeitshöhe beträgt *(Bild 1, 2)*.

- In Proben mit groben Feststoffanteilen (Fasern, Flokken) ist eine Zerkleinerung dieser Grobstoffe mit einem Aufschlaggerät bei einer Frequenz von ca. 20.000 Umdrehungen/Minute innerhalb 30 Sekunden durchzuführen. Das Probevolumen sollte mindestens 500 *ml* betragen *(Bild 3)*.

Für die Praxis wird die Homogenisierung der Zulaufproben mit einem Aufschlaggerät empfohlen.

Verdünnung

- Bei Überschreitungen des Messbereiches oder Vorhandensein erhöhter Konzentration von Störsubstanzen ist eine Verdünnung der Abwasserprobe vorzunehmen. Bei der anschließenden Analyse muss unbedingt der Verdünnungsfaktor beachtet werden (DWA – A 704, IQK-Karte 5, Plausibilitätsprüfung – Verdünnung).

- Zur Verdünnung der Proben ist demineralisiertes, phosphatfreies Wasser zu verwenden.

- Genaue Vorgehensweise zur Verdünnung einer Probe wird unter 1.6 beschrieben.

Aufschluss

Ein Aufschluss ist generell erforderlich, wenn mit der vorgesehenen Bestimmungsmethode die zu analysierenden Stoffe in der Abwasserprobe nicht vollständig erfasst werden können. Der Fall tritt dann auf, wenn die Stoffe komplexgebunden sind, verschiedene Oxidationsstufen aufweisen oder als schwerlösliche Verbindungen in leichtlösliche Verbindungen umgewandelt werden müssen.

Die Aufschlussmethoden sind von den Bestimmungsparametern abhängig und müssen an die nachfolgenden Untersuchungsmethoden angepasst werden. Bei der Auswahl des Aufschlussverfahrens ist auch die zu erwartende Konzentration des zu bestimmendes Stoffes zu berücksichtigen.

Für die Parameter CSB, $P_{ges.}$, TOC, TN_b ist ein thermischer Aufschluss erforderlich. Die Genauigkeit und Richtigkeit der Aufschlussmethoden ist gleichzusetzen mit den Anforderungen an die Probenahme.

Durchführung:

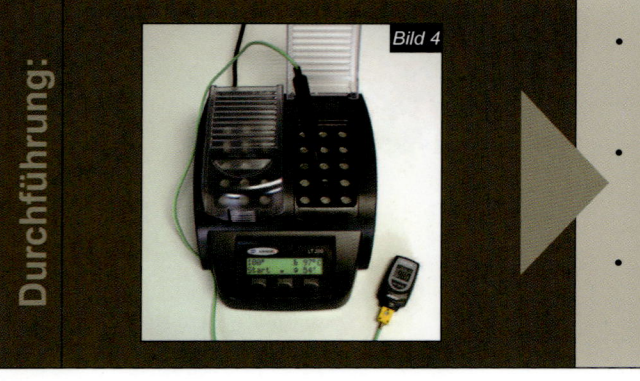

Bild 4

- Probe nach Vorschrift homogenisieren. Unter Rühren in ein Aufschlussgefäß Probe abmessen bzw. abpipettieren und eventuell Aufschlussreagenz hinzufügen.

- Die vorgeschriebenen Aufschlusstemperaturen und Zeiten sind genau nach Herstellerangaben - parameter- und methodenabhängig - einzuhalten.

- Die Aufschlussgeräte sind im Rahmen der „Internen Qualitätskontrolle" regelmäßig zu überprüfen (*Bild 4*). Die Überprüfung muss dokumentiert werden (DWA - A 704, IQK-Karte 9*)*.

Filtration

Vor der Durchführung der fotometrischen Messungen sind vorhandene Trübungen aus den Proben (Abwasserproben, trübe Aufschlüsse) zu entfernen. Die Filtration der Proben erfolgt entsprechend der Herstellerangaben.
Es können dafür Papier-, Glasfaser- oder Membranfilter verwendet werden.

Durchführung:

Bild 5

- Filtrationstand (Filter, Trichter, Filterspritze, Glasgefäß) vorbereiten und Filter einlegen *(Bild 5)*.

- Mit der Originalprobe (ca. 50 *ml*) den Filter gut anfeuchten. Dieses Filtrat wird verworfen.

- Die Filtration wird mit der restlichen Probe fortgesetzt. Dieses Filtrat kann für die Analyse verwendet werden.

- Für die Bestimmung der Parameter NH_4^+-N, NO_2^--N, NO_3^--N, PO_4^{3-}-P ist eine Filtration der Probe erforderlich.

Konservierung

Wenn eine sofortige Analyse der Probe nicht möglich ist, muss eine geeignete parameterspezifische Konservierung erfolgen (*Tabelle 1*). Bei längerem Transport sind die Proben in speziellen Behältern bei ca. 2 °C bis 5 °C aufzubewahren. Bei einer chemischen Konservierung (Zugabe von Säure oder Lauge) ist drauf zu achten, dass die Konservierungsmittel eine entsprechende Reinheit (zur Analyse) aufweisen. Für die Konservierung der Proben müssen geeignete Flaschen (Tiefkühlung – PTFE-Flaschen, Schwermetallkonservierung – Borsilikatglasflaschen) verwendet werden.

Durchführung:

Bild 6

- Entsprechende Konservierungsmethode wählen *(Tab. 1, S.20)*.

- Nur geeignete, saubere Flaschen verwenden, um Verschleppungen zu vermeiden.

- Flaschen sind mit dem Entnahmedatum, Art der Probe und Probenbezeichnung zu beschriften *(Bild 6)*.

- Nach dem Abfüllen der Probe in die Flasche und einer eventuellen Konservierung ist die Flasche gut zu verschließen und nach Vorschrift im Dunkeln oder kühl zu lagern.

Tabelle 1

Probenkonservierung und Aufbewahrung

Parameter	Konservierung	Max. Standzeit	Anmerkung
BSB_5	Kühlen auf 1 - 4 °C	24 h	In Dunkeln aufbewahren
BSB_5	Tiefgefrieren bei -20 °C	7 Tage	Im Ausnahmefall
CSB	Mittels H_2SO_4 auf pH-Wert 1 - 2 ansäuern	1 Monat	
CSB	Tiefgefrieren bei -20 °C	1 Monat	
TOC	Tiefgefrieren bei -20 °C	1 Monat	
NO_3^--N	Kühlen auf 1 - 5 °C	24 h	In Dunkeln aufbewahren
NO_3^--N	Mittels HCl auf pH - Wert 1 - 2 ansäuern	7 Tage	
NO_3^--N	Tiefgefrieren bei -20 °C	1 Monat	
NO_2^--N	Kühlen auf 1 - 5 °C	24 h	In Dunkeln aufbewahren
NH_4^+-N	Mittels H_2SO_4 auf pH-Wert 1 - 2 ansäuern, kühlen auf 1 - 5 °C	21 Tage	
NH_4^+-N	Tiefgefrieren bei -20 °C	1 Monat	
TN_b	Mittels H_2SO_4 auf pH-Wert 1 - 2 ansäuern	1 Monat	
TN_b	Tiefgefrieren bei -20 °C	1 Monat	
$P_{ges.}$	Mittels H_2SO_4 auf pH-Wert 1 - 2 ansäuern	1 Monat	
$P_{ges.}$	Tiefgefrieren bei -20 °C	1 Monat	

1.4 Pipettieren

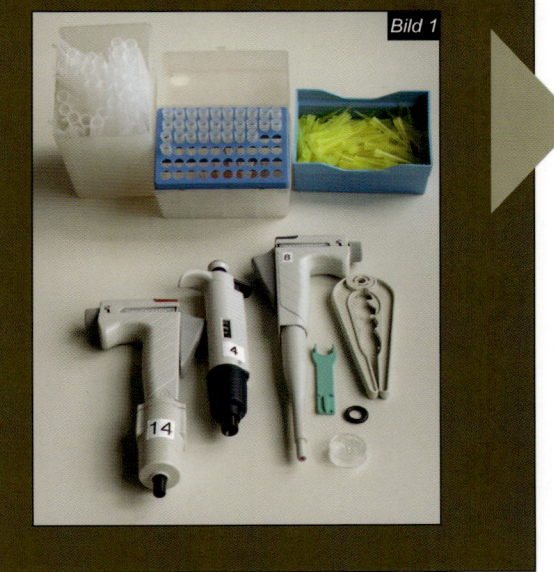
Bild 1

1. Behandlung von Pipetten

- Bedienungsanleitung genau beachten.
- Pipetten vor Gebrauch sorgfältig auf Beschädigung überprüfen.
- Kunststoffpipettenspitzen staubfrei aufbewahren.
- Messgeräte und Pipetten regelmäßig justieren und warten.

2. Prüfbedingungen

- Pipetten müssen eindeutig identifizierbar sein. *(Bild 1)*
- Temperaturgleichheit von Raum, Pipette und Wasser.
- Raumtemperatur 20 °C (± 1 °C).
- Wassertemperatur konstant ± 0,5 °C bei Messung.
- Luftfeuchtigkeit zwischen 35 und 65 %.
- Verwendung von Originalspitzen.
- Waage mit Genauigkeit von min. 0,001 g.
- Thermometer mit ± 0,2 °C Genauigkeit.

3. Funktionskontrolle von Pipetten

- Pipettenspitze einmal mit Prüfflüssigkeit vorspülen.
- Gefüllte Pipette ca. 10 Sekunden halten und beobachten, ob sich ein Tropfen an der Pipettenspitze bildet.
- Prüfflüssigkeit in Abfallbecher abgeben.
- Der Pipettenkopf muss sich leichtgängig und ruckfrei bewegen lassen.

Werden die aufgeführten Punkte nicht alle erfüllt, so ist die Pipette zu warten oder auszumustern!!!

Tabelle 1 Toleranzbereiche für die Überprüfung von Kolben-hubpipetten und automatischen Dosiergeräten nach DWA – A 704

Volumen	Abweichung	Toleranzbereich
μl	%	g
100	± 2	0,098 - 0,102
200	± 2	0,196 - 0,204
500	± 2	0,490 - 0,510
Volumen	**Abweichung**	**Toleranzbereich**
ml	%	g
1,00	± 1	0,990 - 1,010
2,00	± 1	1,980 - 2,020
5,00	± 1	4,950 - 5,050

Empfehlungen der ISO 6855

- Die Standards legen sowohl die Pipettenherstel-ler als auch die Pipettenspitzenhersteller fest.

Achtung: Diese können untereinander abweichen.

- Die angegebenen Abweichungen sind nur gültig, wenn sie in Kombination von Spitze und Pipette angegeben sind.

- Die Angaben des Pipettenherstellers beziehen sich auf die Verwendung von Originalspitzen.

- Sollten keine Originalspitzen verwendet werden, so muss die Genauigkeit und die Präzision der Pi-pette überprüft werden *(Tabelle 1)*.

Empfehlungen nach DWA – A 704

- Häufigkeit: Mindestens 4 mal pro Jahr.

- Neue / reparierte Pipetten auf Transportschäden überprüfen.

- Genauigkeit der Waage: mind. 0,001 g

Ziel / Nutzen: Absicherung der analytischen Richtigkeit.

Kalibrierung von Pipetten - gravimetrisch

Durchführung:

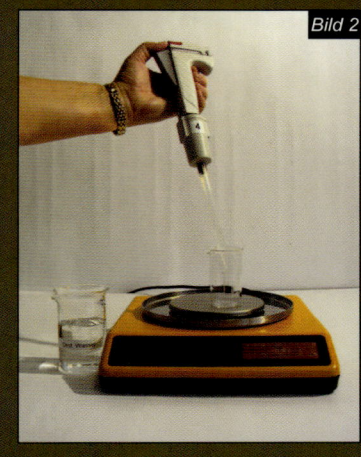

Bild 2

- Neue Spitze aufstecken
- Wiegegefäß (möglichst kleiner Durchmesser) tarieren.
- Spitze einmal vorbenetzen.
- Prüfflüssigkeit bei senkrecht gehaltener Pipette aufsaugen, Eintauchtiefe 2 - 3 *mm*, Wartezeit 1 - 3 *s*.
- Pipette im Winkel von 10 - 30 ° halten, Flüssigkeit über eine Strecke von 8 -10 *mm* abstreifen.
- Wiegewert ermitteln *(Bild 2)*.
- Die oben genannten Schritte je Volumenbereich mindestens 5 mal durchführen.

Auswertung: Auswertung der Kalibrierung erfolgt nach DWA - A 704 (IQK–Karte 9 - Prüfmittel, Blatt 3 - Pipetten).

- Die Pipetten mit variablem Volumen sind bei drei verschiedenen Volumeneinstellungen zu überprüfen (10, 50 und 100 % des max. Volumens).

- Aus den Wägeergebnissen ist der Mittelwert zu berechnen. Die Abweichung des Mittelwertes vom Sollwert ist das Maß für die Richtigkeit.

- Der Mittelwert muss innerhalb eines festgelegten Toleranzbereichs liegen (siehe Tabelle 2). Besteht die Möglichkeit bei Überschreitungen des Toleranzbereiches das Volumen zu korrigieren, ist nach der Korrektur die Kaibrierung entsprechend zu wiederholen. Besteht die Möglichkeit nicht, ist die Pipette zur Überprüfung an den Hersteller zu schicken.

024

IQK - Karte 9 - Prüfmittelüberwachung

Blatt 3 - Pipetten

Abwasseranlage: *Kleinstadt*

1	2	3	4	5	6	7	8
Pipetten Nr.:		1			2		3
Max.Volumen *(ml)*		5,000			1,000		1,000
Variabel?		J			J		N
Bemerkung	10 %	50 %	100 %	50 %	100 %	100 %	
		des max. Volumens testen		des max. Volumens testen			
Prüfvolumen in ml	0,500	2,500	5,000	0,500	1,000	1,000	1,000
Messwert 1 *(g)*	0,518	2,552	4,963	0,505	0,905	1,005	1,005
Messwert 2 *(g)*	0,512	2,480	4,984	0,495	0,884	1,033	1,013
Messwert 3 *(g)*	0,520	2,505	4,995	0,488	0,899	0,993	1,002
Messwert 4 *(g)*	0,490	2,551	5,033	0,493	0,911	0,992	1,012
Messwert 5 *(g)*	0,505	2,533	4,895	0,496	0,893	0,998	0,998
Mittelwert *(g)*	0,509	2,524	4,974	0,495	0,898	1,004	1,006
Abweichung (%)	1,8	0,968	-0,52	-0,92	-10,16	0,42	0,600
Qualitätsziel (%)	2	1	1	2	1	1	1
Qualitätsziel erfüllt?	ja	ja	ja	ja	nein!	ja	ja
				Pipette falsch eingestellt.		Wiederholung	
Datum		11.07.2012			13.08.2012		15.09.2012
Unterschrift		*Bast*			*Klumm*		*Bast*

1.5 Herstellen von Lösungen

025

Geräte:	Messkolben, Vollpipetten, Kolbenhubpipetten	
Proben:	Wasserproben (Auslauf, Ablauf Vorklärung), Stammlösungen	**Reagenzien:** demineralisiertes Wasser

Durchführung:

Herstellen der Massenkonzentrationslösungen (g/l):

- Die Massenkonzentration einer Lösung gibt die Masse des gelösten Stoffes in 1 l Lösung an (z. B. 1 g/l).
- Herstellen der Massenkonzentrationslösungen ist unabhängig von der Art des Salzes.
- Lösungen dessen Konzentrationen im Bereich *mg/l* liegen, werden durch Verdünnung der Konzentrate angemacht (siehe 1.6 Verdünnung der Wasserproben und Standardlösungen).
- Wenn andere Lösungsvolumina als 1 Liter benötigt werden, wird Einwaage wie folgt berechnet: (siehe Auswertung):

Auswertung:

β (g/l) - Massenkonzentration
V (l) - Volumen des Messkolbens (Lösung)
m (g) - Einwaage

$$\beta\,(g/l) = \frac{m\,(g)}{V\,(l)}$$

Beispiel:

β - 50 g/l
V - 0,200 l (Lösung – 200 ml Messkolben)
m - **?** Einwaage in g

m (g) = β (g/l) · V(l)
m = 50 g/l · 0,200 l = **10** g

Einwaage **10** *g in 200 ml Messkolben in demin. Wasser lösen.*

Ergebnis: Die Massenkonzentration wird in **g/l** angegeben.

Durchführung:

Herstellen der Stoffmengenkonzentrationslösungen (mol/l):

026

- Zum Ausrechnen der Stoffmenge werden Molarenmassen aus dem Periodensystem entnommen.

- Beim Herstellen der Stoffmengenkonzentrationslösungen (*mol/l*) ist die Einwaage immer von der molaren Masse des Stoffes abhängig.

- Lösungen, deren Konzentrationen im Bereich *mmol/l* liegen, werden durch Verdünnung der Konzentrate hergestellt (siehe 1.6 Verdünnung der Wasserproben und Standardlösungen).

Auswertung:

c	*mol/l*	Stoffmengenkonzentration*
V	*l*	Volumen des Messkolbens (Lösung)
n	*mol*	Stoffmenge*
m	*g*	Masse (Einwaage)
M	*g/mol*	Molare Masse*

$$c \ (mol/l) = \frac{n \ (mol)}{V \ (l)} \qquad n \ (mol) = \frac{m \ (g)}{M \ (g/mol)}$$

$$c \ (mol/l) = \frac{m \ (g)}{V(l) \cdot M \ (g/mol)}$$

Beispiel:

c - 1 *mol/l*
V - 0,200 *l* = 0,2 *l* (Lösung)
m - *? Einwaage in g*

n = c *(mol/l)* · **V***(l)*

n = **1** *mol/l* · **0,200** *l* = **0,2** *mol*

Angemacht werden 200 *ml* **der 1** *mol/l* **KCl-Lösung:**

M (KCl) = 39,098 + 35,545 = 74,643 *g/mol*

m = n *(mol)* · **M** (KCl) = 0,2 · 74,643 = **14,929** *g* (Einwaage)

Einwaage 14,929 g KCl in 200 ml Messkolben in demin. Wasser lösen.

Ergebnis: Die Stoffmengenkonzentration wird in **mol/l** angegeben.

1.6 Verdünnen von Wasserproben und Lösungen

027

Durchführung:

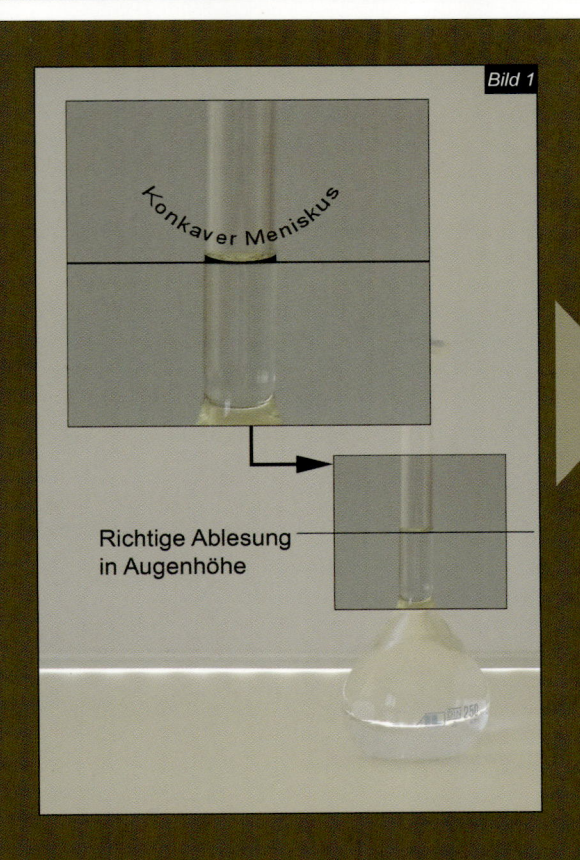

Bild 1

Konkaver Meniskus

Richtige Ablesung in Augenhöhe

Verdünnen der Wasserproben und der Lösungen wird mittels Messkolben realisiert (*Bild 1*).

Richtige Ablesung des abgemessenen Volumens ist die Ablesung in der Augenhöhe.
Beim Auffüllen des Kolbens mit dem demineralisierten Wasser bis zur Marke muss die Art des Meniskus beachtet werden.
Ablesung des Volumens:
- Konkaver Meniskus bei benetzender Flüssigkeit (Wasser)
- Konvexer Meniskus bei nicht benetzender Flüssigkeit (Quecksilber)

Die auf dem Messkolben angebrachten Angaben, lassen die Genauigkeit der hergestellten Verdünnung abschätzen.

Bedeutung der Angaben an dem Kolben:
250 *ml* – Nennvolumen
± 0,05 *ml* – Toleranz (maximale Fehlergrenze)
20 °C – Justiertemperatur
A: Höchste Qualitätsstufe
Ex + 10 *s* –   Ex - auf Auslauf geeicht
10 *s* – Wartezeit nach Auslauf 10 Sekunden

Geräte:	Messkolben, Vollpipetten, Pipetten
Proben:	Wasserproben (Ablauf Vorklärung), Stammlösungen
Reagenzien:	demineralisiertes Wasser

Proben und Stammlösungen sollen höchstens im Verhältnis 1:100 verdünnt werden. Höhere Verdünnungen sind in 2 Schritten zu durchführen.

Durchführung:

- Verdünnen der Proben wird erforderlich:
- wenn die Konzentrationen der Proben über dem Messbereich liegen
- bei Plausibilitätsprüfungen um die Auswirkungen störender Abwasserinhaltsstoffe zu erkennen (Aufklärung von Matrixproblemen)
- zum Herstellen der Standardlösungen aus den konzentrierten Stammlösungen.
- Verdünnung der Proben erfolgt in den Messkolben (Bild 2).
- Um die zu verdünnenden Proben abzumessen, werden Kolbenhubpipetten, automatische Dosiergeräte und Vollpipetten eingesetzt.
- Zur Verdünnung der Proben wird demineralisiertes (entionisiertes) bi- oder destilliertes Wasser verwendet.
- Konzentration von den Ausgangsproben (Konzentraten, Stammlösungen) sollte bekannt sein.
- Nach der Analyse ist der angezeigte Messwert mit dem Verdünnungsfaktor zu multiplizieren.

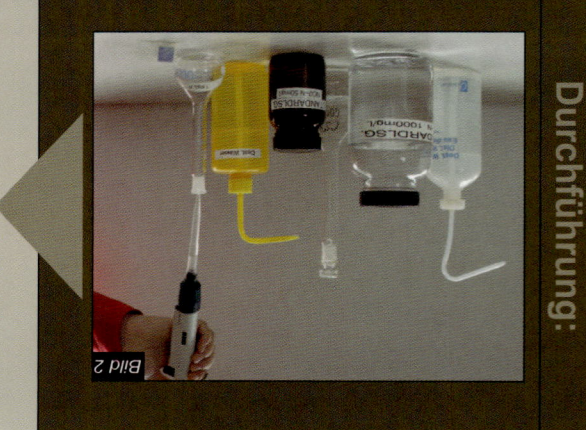

Bild 2

Angaben zur Lösung 1 - Konzentrat

- V_1 - Volumen vom Konzentrat, das abpipettiert werden muss, um eine verdünnte Lösung 2 herzustellen. Das Volumen muss berechnet werden unter Berücksichtigung der Konzentration des Konzentrates und des Volumens der zur Verfügung stehenden Pipette und des Messkolbens.

- c_1 - Konzentration vom Konzentrat, von der die verdünnte Lösung 2 hergestellt wird. Die Konzentration des Konzentrates muss bekannt sein.

Angaben zur Lösung 2 - Verdünnung

- V_2 - Volumen von der gewünschten Verdünnung richtet sich nach dem vorhandenen Volumen der zur Verfügung stehenden Messkolben. Das Volumen muss vor der Verdünnung des Konzentrates festgelegt werden.

- c_2 - Konzentration der verdünnten Lösung, die in dem oben genannten Messkolben (Volumen V_2) hergestellt werden soll.

Auswertung 1: Verdünnung einer Probe unter Vorgabe der Konzentration in der Verdünnung

$$V_1 \cdot c_1 = V_2 \cdot c_2$$

$$V_1 = \frac{V_2 \cdot c_2}{c_1}$$

Die Berechnungsformel gilt für Verdünnung der Lösungen, deren Konzentrationen als:

- mol/l   (Stoffmengenkonzentration)
- N   (Äquivalentkonzentration - Normallösungen)
- mg/l, g/l   (Massenkonzentration)

angegeben werden. Die verdünnte Lösung weist die gleiche Konzentrationseinheit auf (z. B. *mol/l*), wie das Konzentrat von dem die Verdünnung angemacht wurde.

Die Formel gilt nicht für die %-igen Lösungen.

Beispiel 1: Verdünnung einer Probe erfolgt nach der Formel $V_1 \cdot c_1 = V_2 \cdot c_2$ **030**

Lösung 1 Konzentrat	Lösung 2 Verdünnung	
V_1 = ? *(gesucht)*	V_2 = 25 ml	$V_1 = \dfrac{V_2\,(ml) \cdot c_2\,(mg/l)}{c_1\,(mg/l)} = \dfrac{25\,ml \cdot 1\,mg/l}{20\,mg/l} = 1{,}25\ ml$
c_1 = 20 mg/l	c_2 = 1 mg/l	

- Von der konzentrierten Lösung 1 (c_1 = 20 mg/l) werden 1,25 ml in den 25 ml Messkolben abpipettiert.
- Der Messkolben wird bis zur Marke (25 ml) mit demin. Wasser aufgefüllt.
- Die Konzentration von der verdünnten Lösung in dem 25 ml Messskolben liegt bei c_2 = 1 mg/l.

Auswertung 2: Verdünnung einer Probe erfolgt unter Verwendung eines Verdünnungsfaktors

F	- Verdünnungsfaktor	$F = V_2 / V_1$	$V_1 = V_2 / F$	
V_1	- Volumen vom Konzentrat (V_{Probe})			
V_2	- Volumen des Messkolbens (V_{ges})	$F = V_{ges.} / V_{Probe}$	$V_{Probe} = V_{ges.} / F$	

Beispiel 2: Phosphorkonzentration liegt bei c_1 =19,8 mg/l vor (Messbereich überschritten). Die Probe muss verdünnt werden, so dass die Konzentration der verdünnten Lösung im Bereich 0,1 - 1 mg/l liegt.

F - 25	*(Festlegung), weil 19,8 : 25 <1 mg/l*			
V_2 - 50 ml	*(Festlegung)*	V_1 - ? *(Rechnung)*	$F = V_2 / V_1$	V_1 = 50 ml / 25
c_2 - <1 mg/l	*(Lösung 2)*	c_1 - **19,8 mg/l** *(Lösung 1)*		V_1 = **2,0 ml**

Von der konzentrierten Lösung 1 (c_1 = **19,8 mg/l**) werden 2,0 ml in den 50 ml Messkolben abpipettiert.
Der Messkolben wird bis zur Marke mit demin. Wasser aufgefüllt. Verdünnungsfaktor 25.
Die Konzentration von der verdünnten Probe wird fotometrisch gemessen und liegt bei c_2 = 0,79 mg/l.

Berechnung des Verdünnungsfaktors und des Verdünnungsverhältnisses

031

Verdünnte Lösungen werden in einem Messkolben hergestellt. Das genau abgemessene Volumen der Probe wird in den Messkolben gegeben und mit dem Verdünnungswasser bis zur Marke aufgefüllt.
Bei der Bestimmung des Schlammvolumenanteils (Seite 086) ist es ausreichend, wenn mittels eines Messzylinders eine Belebtschlammprobe und Auslaufwasser als Verdünnungswasser abgemessen und in einem Gefäß vermengt werden.

Für die Berechnungen des Verdünnungsfaktors und des Verdünnungsverhältnisses wird das Gesamtvolumen (Probe + Verdünnungswasser) der Verdünnung eingesetzt.

Volumen der Probe	Volumen gesamt	Verdünnungsfaktor	Verdünnungsverhältnis V_{Probe} zu V_{ges}	Volumen des Verdünnungswassers
V_{Probe}	V_{ges} (V_{Kolben})	$F = V_{ges} / V_{Probe}$	$\dfrac{V_{Probe}}{V_{Probe}} : \dfrac{V_{ges}}{V_{Probe}}$	$V_{Verd.} = V_{ges} - V_{Probe}$
5 ml	25 ml	5	1 : 5	Kolben wird zur Marke aufgefüllt
5 ml	100 ml	20	1 : 20	Kolben wird zur Marke aufgefüllt
1 l	1 l	Probe unverdünnt	Originalprobe	0 l
1 l	2 l	2	1 : 2	1 l
1 l	3 l	3	1 : 3	2 l

1.7 Stamm- und Standardlösungen

Bei der Konzentrationsberechnung der Stammmlösungen müssen entsprechende Umrechnungsfaktoren *(Tabelle 1)* berücksichtigt werden.

Tabelle 1

Umrechnungstabelle verschiedener Formen

Ammonium			Nitrat		
Ausgangsformat	Faktor	Endformat	Ausgangsformat	Faktor	Endformat
NH_4^+ *(mg/l)* M – 18,065 *g/mol*	x 0,78	$NH_4^+ - N$ *(mg/l)* M – 14,0067 *g/mol*	NO_3^- *(mg/l)* M – 62,0049 *g/mol*	x 0,23	$NO_3^- - N$ *(mg/l)* M – 14,0067 *g/mol*
$NH_4^+ - N$ *(mg/l)* M – 14,0067 *g/mol*	x 1,29	NH_4^+ *(mg/l)* M – 18,065 *g/mol*	$NO_3^- - N$ *(mg/l)* M – 14,0067 *g/Mol*	x 4,43	NO_3^- *(mg/l)* M – 62,0049 *g/mol*

Nitrit			Phosphat		
Ausgangsformat	Faktor	Endformat	Ausgangsformat	Faktor	Endformat
NO_2^- *(mg/l)* M – 46,0055 *g/mol*	x 0,30	$NO_2^- - N$ *(mg/l)* M – 14,0067 *g/mol*	PO_4^{3-} *(mg/l)* M – 94,9714 *g/mol*	x 0,33	$PO_4^{3-} - P$ *(mg/l)* M – 30,9738 *g/mol*
$NO_2^- - N$ *(g/mol)* M – 14,0067 *g/mol*	x 3,28	NO_2^- *(mg/l)* M – 46,0055 *g/mol*	$PO_4^{3-} - P$ *(mg/l)* M – 30,9738 *g/Mol*	x 3,07	PO_4^{3-} *(mg/l)* M – 94,9714 *g/mol*

- Die Stammlösungen werden aus Salzen hergestellt, die bei 105 °C ca. 1 Stunde im Trockenschrank getrocknet und im Exsikkator aufbewahrt werden.
- Salze, die zum Herstellen der Stammlösungen verwendet werden, müssen mindestens Qualität „ zur Analyse" aufweisen.
- Alle Salze zum Herstellen der Stammlösungen sind mindestens mit der Genauigkeit 1 *mg* abzuwiegen.
- Die Standardlösungen sind aus den Stammlösungen immer frisch anzusetzen.

Chemischer Sauerstoffbedarf (CSB) - DIN 38 409 - H 41

200 *mg/l* **CSB Stammlösung:**   0,170 *g* Kaliumhydrogenphtalat zur Analyse (KH_2PO_4) in einem 1000 *ml* Messkolben mittels demin. Wasser auflösen, 5 *ml* konz. Schwefelsäure (Dichte 1,84 *g/ml*) dazugeben (Vorsicht Schutzbrille tragen!) und anschließend mit demin. Wasser bis zur Marke auffüllen. Die Lösung ist ca. 1 Monat haltbar.

30 *mg/l* **CSB Standardlösung:**   7,5 *ml* CSB Stammlösung in einen 50 *ml* Messkolben pipettieren und mit demin. Wasser bis zur Marke auffüllen.

Biochemischer Sauerstoffbedarf (BSB_5) - DIN EN 189 - H 51

306,7 *mg/l* **BSB_5 Stammlösung:**   125 *mg* D (+) Glucose ($C_6H_{12}O_6$) wasserfrei und 150 *mg/l* Glutaminsäure ($C_5H_9NO_4$) gemeinsam in ca. 700 *ml* demin. Wasser auflösen und mit demin. Wasser in 1000 *ml* Messkolben bis zur Marke auffüllen. Die Lösung muss stets vor Gebrauch frisch hergestellt werden.

Ammonium – Stickstoff (NH_4^+- N) - DIN 38406 - E 5

034

100 *mg/l* NH_4^+- N Stammlösung: 0,4717 *g* Ammoniumsulfat zur Analyse $(NH_4)_2SO_4$ in demin. Wasser auflösen und in einem Messkolben auf 1000 *ml* auffüllen. Die Lösung ist 1 Woche haltbar.

10,0 *mg/l* NH_4^+-N Standardlös.: 2,5 *ml* NH_4^+- N Stammlösung in einen 25 *ml* Kolben pipettieren und mit demin. Wasser bis zur Marke auffüllen.

0,10 *mg/l* NH_4^+- N Standardlös.: 1,0 *ml* von der 10,0 *mg/l* Lösung in einen 100 *ml* Kolben pipettieren und mit demin. Wasser bis zur Marke auffüllen.

Nitrat – Stickstoff (NO_3^-- N) - DIN 38 405 - D 9

50 *mg/l* NO_3^-- N Stammlösung: 0,3609 *g* Kaliumnitrat zur Analyse (KNO_3) in demin. Wasser auflösen und in einem Messkolben auf 1000 *ml* auffüllen. Die Lösung ist 1 Monat haltbar.

10,0 *mg/l* NO_3^-- N Standardlös.: 5 *ml* NO_3^-- N Stammlösung in einen 25 *ml* Messkolben pipettieren und mit demin. Wasser auffüllen.

1,0 *mg/l* NO_3^-- N Standardlös.: 1 *ml* NO_3^-- N Stammlösung in einen 50 *ml* Messkolben pipettieren und mit demin. Wasser auffüllen.

Nitrit – Stickstoff (NO_2^-- N) - DIN EN 26777- D 10

100 *mg/l* NO_2^-- N Stammlösung: 0,4922 *g* Natriumnitrit zu Analyse $(NaNO_2)$ in demin. Wasser auflösen und in einem Messkolben auf 1000 *ml* auffüllen. Die Lösung ist bei 2 bis 5 °C 1 Monat haltbar.

10,0 *mg/l* NO_2^-- N Standardlös.: 2,5 *ml* NO_2^-- N Stammlösung in einen 25 *ml* Kolben pipettieren und mit demin. Wasser auffüllen.

0,10 *mg/l* NO_2^-- N Standardlös.: 1,0 *ml* von der 10,0 *mg/l* Lösung in einen 100 *ml* Kolben pipettieren und mit demin. Wasser auffüllen.

Stickstoff gebunden (TN$_b$) nach Oxidation zu Stickstoffoxiden – DIN EN 12260 – H 34

200 *mg/l* **TN$_b$ Stammlösung:** 1,072 *g* Glycin (H$_2$NCH$_2$COOH) in demin. Wasser auflösen und in einem Messkolben auf 1000 *ml* auffüllen. Die Lösung ist gekühlt 1 Monat haltbar.

2,0 *mg/l* **TN$_b$ Standardlösung:** 2,5 *ml* Glycin-Stammlösung in einen 250 *ml* Messkolben pipettieren und mit demin. Wasser auffüllen.

Phosphat – Phosphor (PO$_4^{3-}$ - P) – DIN EN 1189 – D 11

50 *mg/l* **Stammlösung:** 0,2197 *g* Kaliumdihydrogenphosphat zur Analyse (KH$_2$PO$_4$) in demin. Wasser auflösen und in einem Messkolben auf 1000 *ml* auffüllen. Die Lösung ist gekühlt 3 Monate haltbar.

1,0 *mg/l* **PO$_4^{3-}$ - P - Standardlös.:** 1,0 *ml* PO$_4^{3-}$ - P -Stammlösung in einen 50 *ml* Messkolben pipettieren und mit demin. Wasser auffüllen.

0,6 *mg/l* **PO$_4^{3-}$ - P - Standardlös.:** 0,6 *ml* PO$_4^{3-}$ - P -Stammlösung in einen 50 *ml* Messkolben pipettieren und mit demin. Wasser auffüllen.

2.1 pH-Wert

036

Geräte: pH-Messgerät - pH-Messkette - Temperaturfühler

Proben: Wasserproben, wässrige Lösungen

Reagenzien: Standardpufferlösungen: pH-Wert - 4,006 (25 °C)
pH-Wert - 6,865 (25 °C)
pH-Wert - 9,180 (25 °C)

Durchführung:

Bild 1

Bild 2

pH-Wert* - Überprüfung der pH-Messkette

Das pH-Messgerät und die verwendete pH-Messkette werden nach der dazugehörigen Anleitung mit Pufferlösungen im zu erwartenden pH-Messbereich an zwei Punkten kalibriert.

- Kalibrierpunkt bei pH-Wert 7- Einstellung des Nullpunktes (Bild 1).

- Kalibrierpunkt bei pH-Wert 4 oder pH-Wert 9 - Einstellung der Steilheit (Bild 2).

- Bei Wechsel der Lösung pH-Messkette mit demin. Wasser abspülen.

- Während der Messpausen wird die pH-Messkette entweder in gesättigte KCl-Lösung oder in Leitungswasser gestellt.

- Austrocknen der Membrane ist zu vermeiden.

Durchführung der Messung

- Gerät einschalten

- Das Volumen der Probe richtet sich nach der verwendeten pH-Messkette (Membrane muss mit der Probe bedeckt sein).

- pH-Messkette in die Probe eintauchen, stabile Anzeige abwarten, den gemessenen pH-Wert (bei Bedarf auch die Temperatur) ablesen und notieren.

- Zwischen den Einzelmessungen muss die pH-Messkette mit demin. Wasser abgespült werden!

- Trockengelagerte pH-Messketten vor Gebrauch in Leitungswasser oder in KCl-Lösung über 1- 3 Stunden eintauchen und dann kalibrieren.

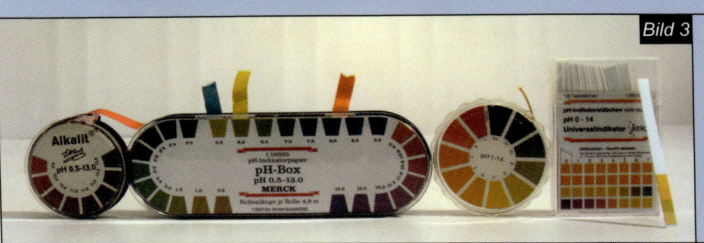

Bild 3

- Als Vortest reicht die pH-Wert-Bestimmung mittels Indikator, Papierstreifen oder Stäbchen.

- Das Stäbchen oder der Papierstreifen wird in die Probe eingetaucht, dann herausgenommen und nach ca. 1 Minute wird die Farbe des Stäbchens mit der beigelegten Farbskala verglichen *(Bild 3)*.

Auswertung: pH-Wert = 7 - neutrale Lösungen
pH-Wert < 7 - Säure
pH-Wert > 7 - Base

Beispiel: pH-Werte kleiner 6,5 und pH-Werte größer 9,0 im Zulauf zur Kläranlage können die biologische Abwasserreinigung stören.

Ergebnis: pH-Wert wird mindestens mit einer Nachkommastelle angegeben.
Die Messtemperatur ist ebenfalls anzugeben.

2.2 Elektrische Leitfähigkeit

038

| **Geräte:** | Leitfähigkeitsmessgerät – Thermometer | **Proben:** Wasserproben |

Reagenzien: Kaliumchlorid – Standardlösung **A -** $c(KCl)$ = 1 mol/l
Kaliumchlorid – Standardlösung **B -** $c(KCl)$ = 0,01 mol/l
Kaliumchlorid – Standardlösung **C -** $c(KCl)$ = 0,001 mol/l (Lösung **B** 1:10 verdünnen)

Tabelle 1   **Elektrische Leitfähigkeit* von Kaliumchlorid-Lösungen**

T (°C)	c = 0,01 mol/l	c = 0,1 mol/l	c = 1 mol/l
	mS/cm	mS/cm	mS/cm
18	1,225	11,19	98,24
19	1,251	11,43	100,16
20	1,278	11,67	102,09
21	1,305	11,91	104,02
22	1,332	12,15	105,94
23	1,359	12,39	107,89
24	1,386	12,64	109,84
25	1,413	12,88	111,80

1 molare Lösung - 74,555 g KCl in 1 Liter demin. Wasser auflösen. *Lösungen vor Gebrauch herstellen.*
0,1 molare Lösung – 7,4556 g KCl in 1 Liter demin. Wasser auflösen.
0,01 molare Lösung erhält man durch Verdünnung (1:100) der 1 mol/l Stammlösung.

Das KCl-Salz soll analysenrein sein und vorher etwa 1 h bei 105°C getrocknet werden.

Tabelle 1 — Temperaturkorrekturfaktoren, f_{24} für die Umrechnung von Leitfähigkeitswerten des Wassers von T °C auf 25 °C

T °C	f_{24}									
	..,0	..,1	..,2	..,3	..,4	..,5	..,6	..,7	..,8	..,9
19	1,141	1,139	1,136	1,134	1,131	1,128	1,126	1,123	1,121	1,118
20	1,116	1,113	1,111	1,108	1,105	1,103	1,101	1,098	1,096	1,093
21	1,091	1,088	1,086	1,083	1,081	1,079	1,076	1,074	1,071	1,069
22	1,067	1,064	1,062	1,060	1,057	1,055	1,053	1,051	1,048	1,046
23	1,044	1,041	1,039	1,037	1,035	1,032	1,030	1,028	1,026	1,024
24	1,021	1,019	1,017	1,015	1,013	1,011	1,008	1,006	1,004	1,002

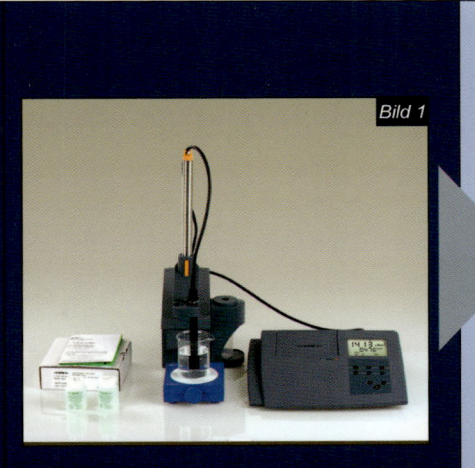

Durchführung:

Überprüfung der Messzelle

Zur Überprüfung der Messzelle wird eine Kalibrierlösung mit einem bekannten Leitfähigkeitswert benötigt. Dazu wird eine 0,1 *mol/l* KCl-Lösung mit einem Leitfähigkeitswert von 12,88 *mS/cm* bei 25 °C hergestellt (*Tabelle 1*).

Bild 1

- Die saubere Messzelle in die Kalibrierlösung eintauchen, so dass beide Elektrodenflächen bedeckt sind.

- Messung abwarten, bis der Wert stabil ist und mit dem Soll-Wert vergleichen (Abweichungen können in der IQK-Karte 9 - Prüfmittel - berechnet werden (DWA A-704). Bei Abweichungen Messzelle reinigen.

Für die Messgeräte ohne Temperaturkompensation gilt:

Bei Messungen, die nicht direkt bei der Temperatur (25,0 ± 0,1) °C durchgeführt werden können, muss das Korrekturverfahren auf 25,0 °C zusätzlich zur tatsächlichen Messtemperatur angegeben werden (*Tabelle 2*).

Durchführung der Messung

- Gerät einschalten (Bild 1).
- Sicherstellen, dass eine Elektrodenzelle mit bekannter und für den erforderlichen Messbereich geeigneter Zellkonstante angeschlossen ist.
- Das Volumen der Analysenprobe richtet sich nach dem verwendeten Gerät.
- Messzelle in die Probe eintauchen, bis beide Elektrodenflächen mit Probe bedeckt sind.
- Es dürfen sich keine Luftblasen zwischen den Elektrodenflächen befinden!
- Stabile Anzeige abwarten, den gemessenen Wert ablesen und notieren.
- Zwischen mehreren Einzelmessungen muss die Messzelle jeweils mit demin. Wasser gespült werden!

Auswertung: Mit Hilfe der elektrischen Leitfähigkeit wird die Summe der ionischen Bestandteile erfasst. Die Messung sollte sobald als möglich durchgeführt werden, weil für Leitfähigkeitsmessungen kein geeignetes Konservierungsmittel angegeben werden kann.

Beispiel:
Ionenaustauscher 0,1 - 10   µS/cm
Trinkwasser   0,1 - 1,1 mS/cm
Abwasser   0,9 - 9   mS/cm

Ergebnis: Die Leitfähigkeit wird in **mS/cm** oder in **µS/cm** angegeben. (1 S/m = 10⁴ µS/cm = 10³ mS/m). Anzahl der Nachkommastellen ist vom Messbereich abhängig.

2.3 Absetzbare Stoffe

041

Geräte:	Imhofftrichter, Nennvolumen 1000 ml - Trichterständer - Timer (Stoppuhr)
Proben:	Wasserproben

Durchführung:

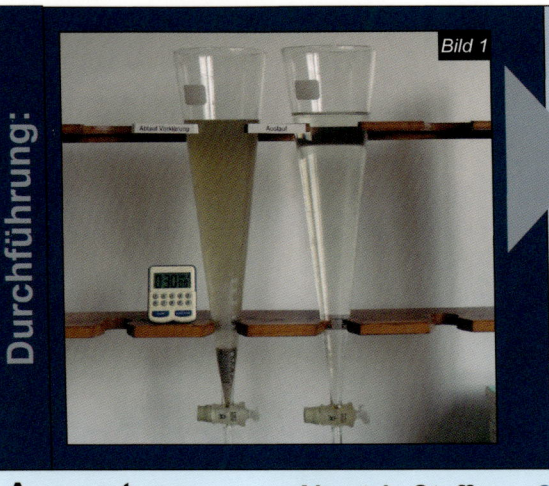

Bild 1

- 1000 ml Probe in den Imhofftrichter einfüllen *(Bild 1)*.
- Der Trichter mit der Probe erschütterungsfrei in den Trichterständer (keine direkte Sonneneinstrahlung) stellen und mehrmals vor der festgesetzten Ablesezeit kurz ruckartig um die Längsachse drehen.
- Temperaturunterschiede zwischen der Probe und der Umgebung vermeiden, weil die zu Störungen infolge der Konvektion und Bildung von Gasblasen führen.
- Die Absetzzeit ist festgelegt und liegt zwischen 30 min *(für leicht flotierbare Inhaltsstoffe)* und 2 h *(für Abwasserproben)*.
- Nach der gewählten Absetzzeit wird das Volumen der abgesetzten Stoffe* abgelesen (Grenzfläche Feststoff - Wasser) und notiert.

Auswertung:	*Absetzb. Stoffe* < 2 ml/l	- das Ergebnis wird auf **0,1** ml/l gerundet.
	Absetzb. Stoffe 2 ml/l *bis* 10 ml/l	- das Ergebnis wird auf **0,5** ml/l gerundet.
	Absetzb. Stoffe 10 ml/l *bis* 40 ml/l	- das Ergebnis wird auf **1** ml/l gerundet.
	Absetzb. Stoffe > 40 ml/l	- das Ergebnis wird auf **2** ml/l gerundet.
Beispiel:	Tropfkörper vor dem Spülen	Absetzbare Stoffe - 3 ml/l
	Tropfkörper während des Spülens	Absetzbare Stoffe - 40 ml/l
Ergebnis:	Die absetzbaren Stoffe werden in **ml/l** angegeben.	

2.4 Abfiltrierbare Stoffe

042

Geräte:	Analysenwaage - Trockenschrank - Exsikkator mit Trocknungsmittel - Uhrglas, Ø 7 *cm* - Glasfaserfilter mit einer Porenweite von 0,45 *µm*
Vakuumfiltration:	Filternutsche, Ø 7 *cm* - Saugflasche, Nennvolumen 1 *l* - Wasserstrahlpumpe,
Druckfiltration:	Druckfiltrationsapparatur (2 *bar* Druck wird mittels Stickstoff erzeugt)

Proben: Wasserproben (Auslauf, Ablauf Vorklärung)	**Reagenzien:** demineralisiertes Wasser

Durchführung:

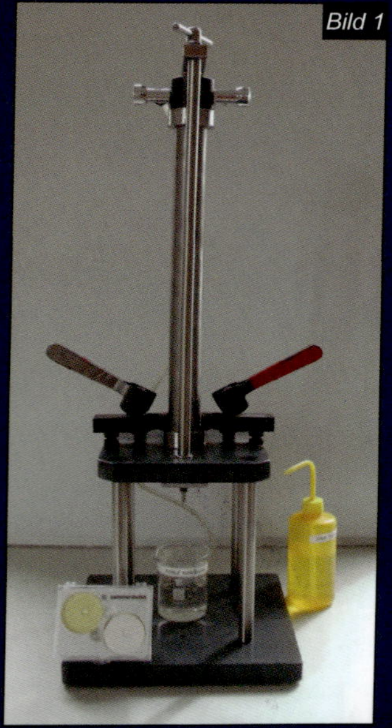

Bild 1

Vakuumfiltration/ Druckfiltration:

- Mittels Glasfaserfilter können Konzentrationen an abfiltrierbaren Stoffen < 20 *mg* bestimmt werden. Das Filter zuerst mit demin. Wasser vorwaschen und in dem Trockenschrank (105 ± 2 °C) für ca.1 *h* trocknen, danach in einen Exsikkator zum Abkühlen legen und anschließend auf 1 *mg* auswiegen. Die Masse des Filters (m_{leer}) notieren.

- Das Filter ins Filtriergerät einlegen und mit demin. Wasser anfeuchten.

- Ein abgemessenes Volumen der geschüttelten Probe vollständig filtrieren (*Druckfiltrationsapparatur, Bild 1*).

- Das Filter mit den abfiltrierten Stoffen auf das Uhrglas legen und bis zur Massenkonstanz im Trockenschrank (105 ± 2 °C) trocknen.

- Die Probe wird als trocken angesehen, wenn ihre Masse nach einer weiteren halbstündigen Trocknung von der vorhergehenden um nicht mehr als 2 *mg* abweicht.

Bild 2

- Nach dem Trocknen Filter mit Trockenmasse im Exsikkator auf Raumtemperatur abkühlen lassen und wiegen, den Wert (m_{AS}) notieren (*Bild 2*).

- Wegen der hygroskopischen Eigenschaften der Filter ist darauf zu achten, dass für den Wägevorgang nur kurze Zeit benötigt wird.

- Wenn die Bestimmung der abfiltrierbaren Stoffe durchgeführt wird, sollen im Trockenschrank keine weiteren Proben getrocknet werden.

Auswertung:

- **AS** – Abfiltrierbare Stoffe *(mg/l)*
- m_{leer} – Masse Filter leer *(mg)*
- m_{AS} – Masse Filter mit abfiltrierten Stoffen *(mg)*
- V_{Probe} – Volumen der Probe *(ml)*
- 1000 – Umrechnungsfaktor *(ml/l)*

$$AS\ (mg/l) = \frac{(m_{AS}\ (mg) - m_{leer}\ (mg)) \cdot 1000\ (ml/l)}{V_{Probe}\ (ml)}$$

Beispiel: *Ablauf:*

m_{leer} – 95,7 mg
m_{AS} – 113,2 mg
V_{Probe} – 2,0 l = 2000 ml

$$AS = \frac{(113{,}2\ mg - 95{,}7\ mg) \cdot 1000\ (ml/l)}{2000\ ml} = \mathbf{8{,}8}\ mg/l$$

Ablauf Vorklärung:

m_{leer} – 94,6 mg
m_{AS} – 104,8 mg
V_{Probe} – 100 ml

$$AS = \frac{(104{,}8\ mg - 94{,}6\ mg) \cdot 1000\ (ml/l)}{100\ ml} = \mathbf{102}\ mg/l$$

1 mg **Abfiltrierbare Stoffe** entspricht **0,8 - 1,6 mg CSB** bzw. **0,01 - 0,04 mg** P_{ges}.

Ergebnis: Abfiltrierbare Stoffe werden in **mg/l** angegeben. Werte werden auf **0,1 mg/l** gerundet.

2.5 Sauerstoff gelöst

044

Geräte: Sauerstoff-Messgerät - Sauerstoff-Messsonde /LDO-Sensor - Temperaturfühler

Proben: Wasserproben, Schlammproben

Reagenzien: demineralisiertes Wasser

Die Bestimmung des in Wasser gelösten Sauerstoffs*, die vor allem im Belebungsbecken wichtig ist, kann nach drei Verfahren durchgeführt werden:

- iodmetrisch nach Winkler (das titrometrische Verfahren wird selten eingesetzt)
- amperometrisch mittels membranbedeckter Sauerstoffsonde (Kalibrierung der Sonde vor der Messung ist notwendig)
- mittels LDO- Sensors *(Bild 1)* basierend auf der Lumineszenzstrahlung eines Leuchtstoffes (Kalibrierung des Sensors vor der Messung ist nicht erforderlich)

Durchführung:

Bild 1

Der aktuelle Sauerstoffgehalt einer Wasser- oder Schlammprobe wird grundsätzlich unmittelbar nach der Entnahme gemessen.

Ist eine direkte Sauerstoffmessung nicht möglich, wird eine Probe von mindestens 1 *l* entnommen. (Die Flasche wird zum Überlaufen mit der Probe gefüllt und luftdicht verschlossen).

- Das Sauerstoffmesserät einschalten.

- Die Messsonde (kalibriert nach Herstellervorgaben) oder der LDO Sensor in eine Flasche, die vollständig mit der Probe gefüllt ist, einführen.

- Stabile Anzeige abwarten (Zeitangaben des Herstellers beachten) und Messwert notieren.

Auswertung:

Zu beachten ist, dass die Sauerstoffkonzentration von verschiedenen Faktoren abhängig ist:
- von der Wassertemperatur *(Tabelle 1)*
- von dem Luftdruck (an der Wasseroberfläche)
- vom Salzgehalt des Wassers
- vom Verschmutzungsgrad des Wassers

Tabelle 1 **Sauerstoffkonzentration** *(mg/l)* **von Wasser im Gleichgewicht an Luft bei einem Gesamtdruck der wasserdampfgesättigten Atmosphäre von 1013** *mbar* **in Abhängigkeit von der Temperatur.**

Werte nach Wagner, gültig nach DIN 38408, Teil 22 ab 1986

T(°C)	..,0	..,1	..,2	..,3	..,4	..,5	..,6	..,7	..,8	..,9
17	9,66	9,64	9,62	9,60	9,58	9,56	9,54	9,52	9,50	9,48
18	9,47	9,45	9,43	9,41	9,39	9,37	9,35	9,33	9,31	9,29
19	9,28	9,26	9,24	9,22	9,20	9,19	9,17	9,15	9,13	9,11
20	9,09	9,07	9,05	9,03	9,01	8,99	8,97	8,95	8,94	8,92
21	8,91	8,89	8,87	8,85	8,83	8,82	8,80	8,78	8,76	8,75

Die neuen Geräte (optische Messung) müssen nicht mehr vor der Messung kalibriert werden. Bei Bedarf kann jedoch eine Überprüfung des „**Nullpunktes**" vorgenommen werden:

Der Nullpunkt des Gerätes kann durch Eintauchen der Sonde in Wasser kontrolliert werden, dem etwa :

- 1 *g/l* **Natriumsulfit**, wasserfrei (Na_2SO_3) oder Heptahydrat ($Na_2SO_3 \cdot 7H_2O$) und
- 1 *mg/l* **Cobalt(II) Salz**, z.B. Cobalt(II) Chlorid-Hexahydrat ($CoCl_2 \cdot 6H_2O$) beigefügt wurde, um das Wasser vom Sauerstoff zu befreien.

Ergebnis: Das Ergebnis wird in *mg/l O_2* mit einer Nachkommastelle angegeben.

2.6 Wasserhärte

046

Geräte:	Magnetrührer - Bürette 25 *ml* - Überlaufkolben 100 *ml* - Erlenmeyerkolben 300 *ml*
Proben:	Wasserproben (Zulauf, Ablauf Vorklärung, Auslauf, Trinkwasser, Brauchwasser)
Reagenzien:	Ammoniaklösung 25 % - Titriplex-Lösung A oder Titriplex-Lösung B - Indikatorpuffertabletten

Durchführung:

Bild 1

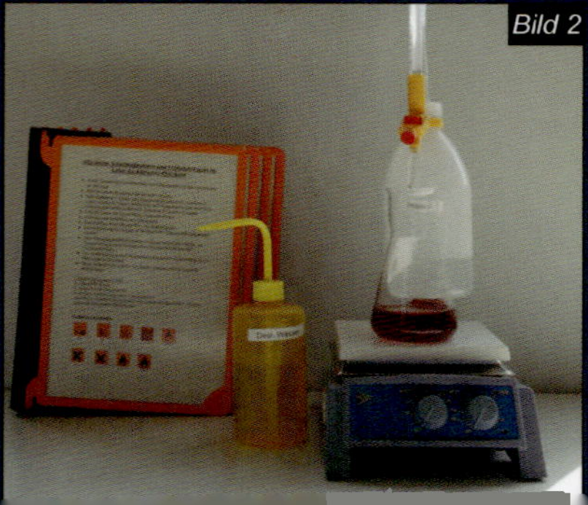

Bild 2

- 100 *ml* Probe mit einem Überlaufkolben abmessen und in einen Erlenmeyerkolben der mit einem Magnetrührstäbchen versehen ist, abfüllen.

- Eine Indikatorpuffertablette und 1 - 2 *ml* der 25 % Ammoniaklösung der Probe zufügen.

- Die Probe wird auf dem Magnetrührer gerührt bis sich die Tablette gelöst hat und sogleich mit der Titriplex-Lösung B bis zum Farbumschlag von rot nach grün titriert (*Bild 1, 2*).

- Bei sehr harten Wässern wird zum Titrieren Titriplex-Lösung A eingesetzt (anstatt Titriplex-Lösung B).

Beurteilung der Härte* nach Deutschen Härtegraden:
0 – 4 °d sehr weich
4 – 8 °d weich
8 – 18 °d mittelhart
18 – 30 °d hart, > 30 °d sehr hart

Auswertung:

Die Benennung „Härte eines Wassers" ist historisch auf die Reaktion der Calcium-Ionen des Wassers beim Waschvorgang mit fettsauren Seifen zurückzuführen.

Tabelle 1

Umrechnungstabelle	Erdalkali-Ionen		Deutscher Grad	CaCO$_3$
	mmol/l	mval/l	°d	ppm
1 mmol/l **Erdalkali-Ionen**	1,00	2,00	5,60	100,0
1 mval/l **Erdalkali-Ionen**	0,5	1,00	2,80	50,0
1 °d **Deutscher Grad**	0,18	0,357	1,00	17,8
1 ppm **CaCO$_3$**	0,01	0,02	0,560	1,00

Unter den in der *Tabelle 1* angegebenen Maßeinheiten gehört nur das „***mmol/l***" zu den SI-Einheiten.

Bezeichnungen wie „Härte", „Gesamthärte", „Calciumhärte" usw. sind veraltet und unbedingt zu vermeiden. An die Stelle der „Karbonathärte" tritt der Begriff „Hydrogencarbonat".

Beispiel: Bei Verwendung von 100 *ml* Probe entspricht **1** *ml* der verbrauchten Titriplex B – Lösung **1** °*d*.

1 *mmol/l* Erdalkaliionen entsprechen: 5,60 °*d* oder 100 *ppm* CaCO$_3$.

Probe - ***Zulauf Klärwerk;*** **V** Titriplex = **10** *ml* /100 *ml* Probe = **10** °*d* = 1,8 *mmol/l* Erdalkaliionen

Probe - ***Trinkwasser ;*** **V** Titriplex = **20** *ml* /100 *ml* Probe = **20** °*d* = 3,6 *mmol/l* Erdalkaliionen

Ergebnis: Härte des Wassers wird in Deutscher Härte Grad *(°d)* ohne Nachkommastelle angegeben.

2.7 Dichte-Bestimmung mittels Pyknometer *

048

Geräte: Pyknometer - Präzisionswaage	**Proben:** Wasserproben - Fällmittel-Proben

Durchführung:

Bild 1

Bild 2

Das Pyknometer muss vor der Bestimmung trocken, sauber und fettfrei sein!

- Leeres Pyknometer auf der Präzisionswaage wiegen und die Masse (m_A) notieren (*Bild 1*).
- Das Pyknometer mit demin. Wasser füllen, so dass das Wasser aus der Kapillare des Stopfens herausläuft.
- Das Pyknometer (es muss trocken sein) darf nur am Hals angefasst werden, da sonst eine Erwärmung des Inhaltes durch die Handwärme verursacht werden kann. Die Masse des Pyknometers inkl. demin. Wasser (m_B) notieren.
- Das leere Pyknometer im Trockenschrank trocknen lassen oder mit der Probe gründlich spülen. Die Probe in Pyknometer einfüllen und wiegen. Die Masse (m_C) notieren (*Bild 2*).

Auswertung:

Berechnung des Pyknometer -Volumens:

m_A (*g*)   - Masse Pyknometer leer
m_B (*g*)   - Masse Pyknometer mit H_2O
m_C (*g*)   - Masse Pyknometer mit Probe
$m(H_2O)$ (*g*)   - Masse Wasser
$m(Probe)$ (*g*)   - Masse Probe
$V(H_2O)$ (*ml*)   - Volumen Wasser
$V(Pyk)$ (*ml*)   - Volumen Pyknometer
ς (*g/ml*)   - Dichte

$$m(H_2O) = m_B - m_A$$

$$V(H_2O) = \frac{m(H_2O)}{\varsigma(H_2O)}$$

$$V(H_2O) = V(Pyk)$$

Berechnung Probendichte:

$$m(Probe) = m_C - m_A$$

$$\varsigma(Probe) = \frac{m(Probe)}{V(Pyk)}$$

Beispiel: Dichtebestimmung von Fällmittel:

- m_A – 43,87 g   Masse Pyk. leer
- m_B – 143,63 g   Masse Pyk. mit H_2O
- m_C – 193,17 g   Masse Pyk. mit Probe

Masse Wasser: $m(H_2O) = m_B - m_A$
$m(H_2O) = 143,63\ g - 43,87\ g$
$m(H_2O) = 99,76\ g$

$$V(H_2O) = \frac{m(H_2O)}{\varsigma(H_2O)}$$

$\varsigma(H_2O$ bei 20 °C$) = 0,998\ g/cm^3$

Dichtewert aus dem Tabellenbuch für die Bestimmungstemperatur entnehmen.

$$V(H_2O) = \frac{99,76\ g}{0,998\ g/cm^3}$$

$V(H_2O) = 99,94\ cm^3$

Über die Masse und die Dichte von Wasser lässt sich das Volumen des Wassers berechnen. Das Pyknometer-Volumen entspricht dem Volumen des Wassers.

$V(H2O) = V(Pyk)$ $V(Pyk) = 99,94\ cm^3$

Masse **m** (Probe) = $m_C - m_A$
$m(Probe) = 193,17\ g - 43,868\ g$
$m(Probe) = \mathbf{149,30\ g}$

$$\varsigma(Probe) = \frac{m(Probe)}{V(Pyk)} = \frac{149,30\ g}{99,94\ cm^3}$$

$\varsigma(Probe) = 1,49\ g/cm^3 = 1,49\ g/ml =$ **1,49 kg/l**

Ergebnis: Dichte (ς) wird in **g/cm³** oder in **g/ml** bzw. **kg/l** mit 2 Nachkommastellen angegeben.

2.8 Säurekapazität (Ks$_{pH4,3}$) *

Geräte:	pH-Messgerät - Magnetührer - Bürette (Dosimat) - Überlaufkolben 100 *ml* - Becherglas 250 *ml*	**050**

Proben: Wasserproben (Auslauf, Ablauf Vorklärung, Zulauf, Filtrat vom Belebtschlamm)

Reagenzien: Salzsäure (*HCl*) *c* = 0,1 *mol/l* (0,1 N) - Salzsäure *c* = 0,02 *mol/l* (0,02 N) (Säure wird durch Verdünnen von 200 *ml* der 0,1 *mol/l* HCl-Lösung im 1000 *ml* Messkolben hergestellt - Verdünnung 1:5) - Indikator (Methylorange)

Durchführung:

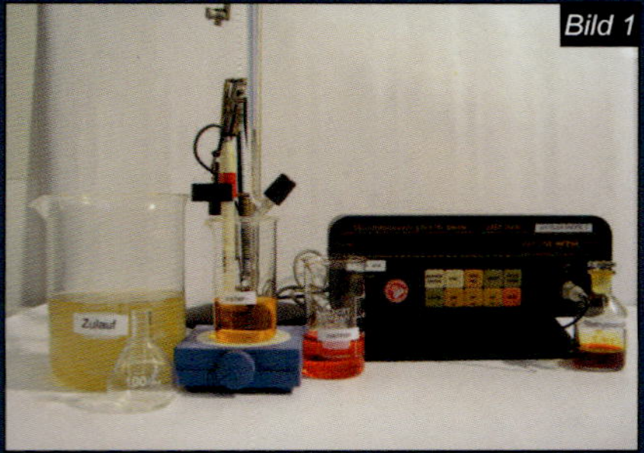

Bild 1

Bild 2

- 100 *ml* Probe mittels einen Überlaufkolben abmessen und in ein 250 *ml* Becherglas, das mit einem Magnetührstäbchen versehen ist, abfüllen.

- Dosimat-Flasche bzw. Bürette mit der Salzsäure füllen.

- Das Becherglas auf einen Magnetührer stellen (zu hohe Rührgeschwindigkeit beeinflusst die pH-Werte aufgrund der CO_2-Konzentrationveränderung in der Probe) und die pH-Messkette sowie die Dosierleitung des Dosimates bzw. Bürette hineinhängen.

- Probe mit 0,1 *mol/l* HCl-Lösung auf den pH-Wert 4,30 titrieren und das verbrauchte HCl-Volumen notieren (*Bild 1*).

- Farblose Wasserproben können unter Verwendung der Indikatoren (Methylorange) anstatt der pH-Messketten titriert werden. Die Proben werden in dem Fall bis zum Farbumschlag titriert (bei Methylorange vom gelb auf zwiebelrot (*Bild 2*).

Titrationskurve *Bild 3*

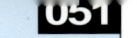

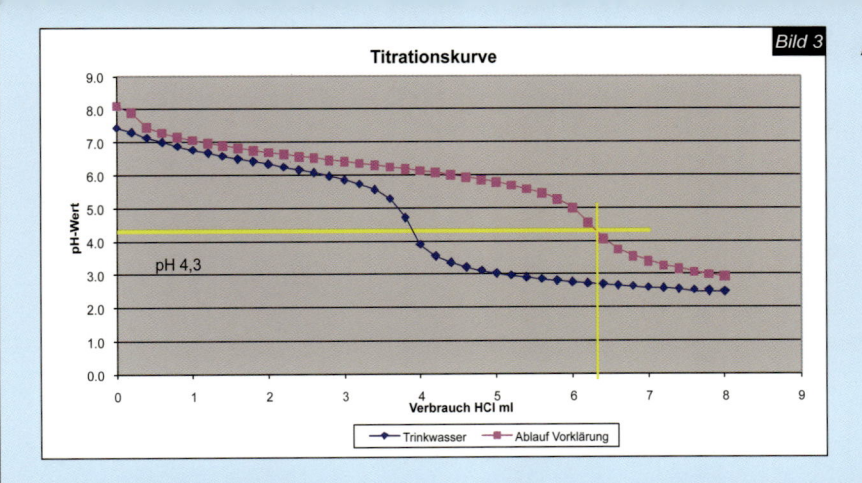

(Diagramm: pH-Wert gegen Verbrauch HCl in ml; Kurven für Trinkwasser und Ablauf Vorklärung; Markierung bei pH 4,3)

Auswertung:

- Die Säurekapazität* kann aus dem Äquivalenzpunkt der Titration (pH-Wert 4,3) oder aus einer Titrationskurve ermittelt werden *(Bild 3)*.

- Um eine Titrationskurve aufzunehmen, wird portionsweise (z. B. Volumen: V - 0,2 ml) HCl zudosiert und der pH-Wert für jede Zudosierung notiert.

- Aus den Wertepaaren wird eine Graphik erstellt.

$Ks_{pH4,3}$ *(mmol/l)* - Säurekapazität ist der Verbrauch (V_{HCl}) in *ml* an 0,1 *mol/l* Salzsäure um in 100 *ml* Wasserprobe einen pH-Wert 4,3 (bei der Temperatur zum Zeitpunkt der Titration) einzustellen.

- Werden weniger als 2 *ml* der 0,1 *mol/l* HCl-Lösung verbraucht, wird die Titration, um die Genauigkeit der Bestimmung zu erhöhen, mit einer schwächeren Säure z.B. c_{HCl} = 0,02 *mol/l* wiederholt.

- Wenn der Verbrauch an Säure hoch ist V_{HCl} > 20 *ml* / 100 *ml* Probe, wird das Volumen der Probe (um die Titrationszeiten zu verkürzen) verkleinert und bei der Ausrechnung der $Ks_{pH4,3}$ Verdünnungsfaktor berücksichtigt.

052

$Ks_{pH4,3}$ *(mmol/l)* — Säurekapazität
c_{HCl} *(mol/l)* — Konzentration der bei der Titration eingesetzten HCl-Säure
V_{Probe} *(ml)* — Volumen von der titrierten Probe

$$Ks_{pH4,3} \, (mmol/l) = \frac{c_{HCl} \, (mol/l) \cdot V_{HCl} \, (ml)}{V_{Probe} \, (ml)}$$

Bei 100 *ml* Probe und 0,1 *mol/l* HCl gilt:

$$Ks_{pH4,3} \, (mmol/l) = V_{HCl} \, (ml)$$

Beispiel: *Zulauf:* V_{HCl} *(ml/100 ml* Probe) = **8,2** *ml* c_{HCl} = **0,1** *mol/l* ⟶ $Ks_{pH4,3}$ = **8,2** *mmol/l*

$$Ks_{pH4,3} = \frac{0,1 \ mol/l \cdot 8,2 \ ml}{100 \ ml} = \frac{100 \ mmol/l \cdot 8,2 \ ml}{100 \ ml} = \mathbf{8,2} \ mmol/l$$

Auslauf: V_{HCl} *(ml/200 ml* Probe) = **9,2** *ml* c_{HCl} = **0,02** *mol/l* ⟶ $Ks_{pH4,3}$ = **0,92** *mmol/l*

$$Ks_{pH4,3} = \frac{0,02 \ mol/l \cdot 9,2 \ ml}{200 \ ml} = \frac{20 \ mmol/l \cdot 9,2 \ ml}{200 \ ml} = \mathbf{0,92} \ mmol/l$$

Eine ausreichend hohe Säurekapazität hat zur Folge, dass bei Einwirken von Säuren, der pH-Wert nur geringfügig absinkt. Für eine biologische Anlage ist eine hohe Pufferkapazität sehr wichtig. Säurekapazität im Ablauf der Belebungsanlage sollte den Wert von **1,5** *mmol/l* nicht unterschreiten.

Ergebnis: $Ks_{pH4,3}$ wird in ***mmol/l*** mit einer Nachkommastelle angegeben.

2.9 Temperatur

Besonders wichtig ist die Messung der Temperatur in folgenden Bereichen: 053

Geräte:	Probenahmegeräte, Trocken-, Brut-, Kühlschränke, Aufschlussgeräte, Glühofen *(Bild 1)*.
Proben:	Wasserproben, Belebtschlamm (der biologische Abbau ist temperaturabhängig), Faulschlamm.
Messungen:	pH-Wert, Leitfähigkeit, Sauerstoffsättigung, Dichte, Absetzbare Stoffe, Schlammvolumen.
Bestimmungen:	CSB, BSB_5, Verdünnung BSB, $KMnO_4$-Verbrauch, TN_b, $P_{ges.}$, Trockenrückstand, Glühverlust.
Aufbewahrung:	Reagenzien, Küvetten, Rückstellproben.

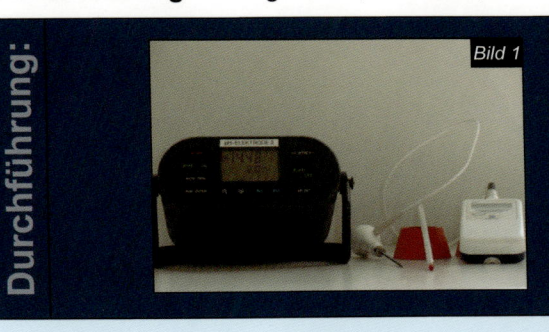

Durchführung:

Bild 1

Ist eine direkte Temperaturmessung nicht möglich, wird eine Probe von mindestens 1 l entnommen.
Bevor die Messung der Wassertemperatur erfolgt, muss das Probenahmegefäß die Temperatur des Wassers angenommen haben.
Für die Temperaturmessung wird dann eine neue Probe entnommen.

Auswertung: Temperaturüberprüfung für Eigenkontrollzwecke kann mittels handelsüblichen Thermometer, Minimum-Maximum Thermometer oder Temperaturfühler erfolgen.

Dokumentation und Überprüfung der Temperatur für die „Interne Qualitätskontrolle" erfolgt nach DWA - A 704 mittels kalibriertem Thermometer. Die Häufigkeiten der Überprüfung und Abweichungen von den Qualitätszielen werden in den IQK-Karten 9 dokumentiert.

Ergebnis: Das Ergebnis wird in **°C** mit einer Nachkommastelle angegeben.

2.10 Alkalität in Fällmitteln *

054

Geräte: Messkolben *(100ml)* - Variable Pipette *(5 ml)* - Becherglas (Nennvolumen 250 *ml*) - Magnetrührer - Magnetrührstäbchen - Dosimat bzw. Bürette - pH-Messgerät

Proben: Fällmittel-Proben

Reagenzien: 0,1 *mol/l* Salzsäure, demin. Wasser

Durchführung:

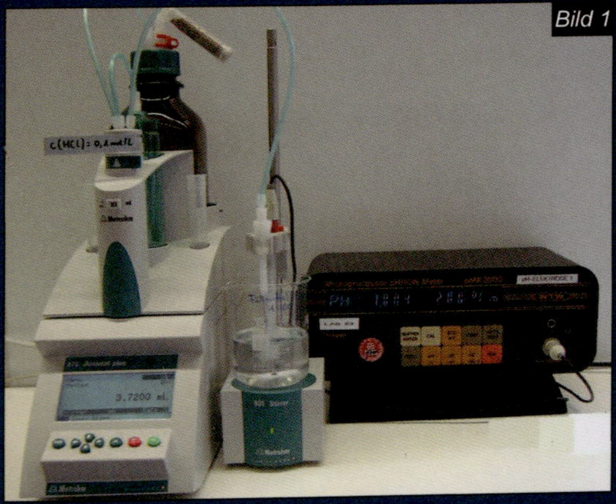

Bild 1

Zu beachten: Die benutzte Pipette mit demineralisiertem Wasser nachspülen um die Minderbefunde zu vermeiden.

- Die zu untersuchende Probe wird im Verhältnis 1:100 verdünnt (1 *ml* Probe in einen 100 *ml* Messkolben pipettieren und den Messkolben bis zur Markierung mit demin. Wasser auffüllen).

- 10 *ml* der verdünnten Probe werden in ein Becherglas (Nennvolumen 250 *ml*), das mit einem Rührstäbchen versehen ist, abgemessen.

- Das Volumen der Probe wird im Becherglas mit demin. Wasser auf 100 *ml* ergänzt.

- Die Probe wird unter Rühren mit einer 0,1 *mol/l* Salzsäure auf den pH-Wert 7,0 titriert *(Bild 1)*.

Auswertung:

$$m_{NaOH} (g) = F \cdot V (ml) \cdot 0{,}004 (g/ml) \cdot a$$

- V *(ml)* — Volumen an verbrauchter HCL-Lösung (c_{HCl} - 0,1 *mol/l*)
- F — Verdünnungsfaktor der Probe ($F = 100$)
- a — Umrechnungsfaktor auf 100 *ml* bei 10 *ml* Probenvolumen (zur Titration) (100/10 = 10)
- $\varsigma_{Fällmittel}$ — Dichte *(g/ml)*
- A_{NaOH} — Analytischer Faktor = **0,004** *(g/ml)* - 1 *ml* der 0,1 *mol/l* HCl-Lösung neutralisiert 0,004 *g* NaOH.

Berechnung der Alkalität in %:

$$w_{NaOH} (\%) = \frac{m_{NaOH} \cdot 100\,\%}{m_{Fällmittel-Probe}} = \frac{m_{NaOH} \cdot 100\,\%}{\varsigma_{Fällmittel} \cdot V_{Fällmittel-Probe}}$$

Beispiel:

$V_{HCL} = 8{,}2\ ml$

$\varsigma_{Fällmittel} = 1{,}410\ g/ml$

$m_{NaOH} = 100 \cdot 8{,}2 \cdot 0{,}004 \cdot 10 = 32{,}8\ g$

$$w_{NaOH} (\%) = \frac{32{,}8\ g \cdot 100\,\%}{1\ ml \cdot 1{,}410\ g/ml} = \mathbf{23{,}2\,\%} \quad \text{(Ist-Wert)}$$

Ergebnis: Die Alkalität wird in **%** mit einer Nachkommastelle angegeben.

2.11 Kaliumpermanganat-Verbrauch ($KMnO_4$) *

056

Geräte:	**2** x Bürette - **2** x Erlenmeyerkolben - Messzylinder - Magnetrührer - Überlaufkolben 100 ml - Becherglas 250 ml - Heizplatte - Kolbenhubpipette
Proben:	Wasserproben (Auslauf, Ablauf Vorklärung, Zulauf)

Reagenzien:

1. $KMnO_4$- Lösung 0,002 mol/l:

Die 0,01 N Titrisol $KMnO_4$-Lösung wird in einem Messkolben Nennvolumen 1000 ml gegeben und bis zur Marke mit demin. Wasser aufgefüllt. Die Endkonzentration der Lösung liegt bei 0,002 mol/l

2.   Oxalsäure 0,05 mol/l:

Die 0,01 N Titrisol Oxalsäure-Lösung, wie in der Titrisol- Beschreibung angegeben, herstellen und in einen 1000 ml Messkolben überführen, bis zur Marke mit demin. Wasser auffüllen (0,005 mol/l).

3.   Schwefelsäure 25 %:

Die 95 % H_2SO_4 mit demin. Wasser verdünnen (Schutzbrille tragen!). Die benötigten Mengen an Säure und Wasser nach dem Mischungskreuz ausrechnen.

Herstellen der 25 % H_2SO_4

w_1 = 95 %   Schwefelsäuregehalt in %
m_1 = ?   Masse von der 95 % H_2SO_4
w_2 = 25 %   Schwefelsäure 25 %
m_2 = ?   Masse vom demin. Wasser
w = 0 %   demin. Wasser

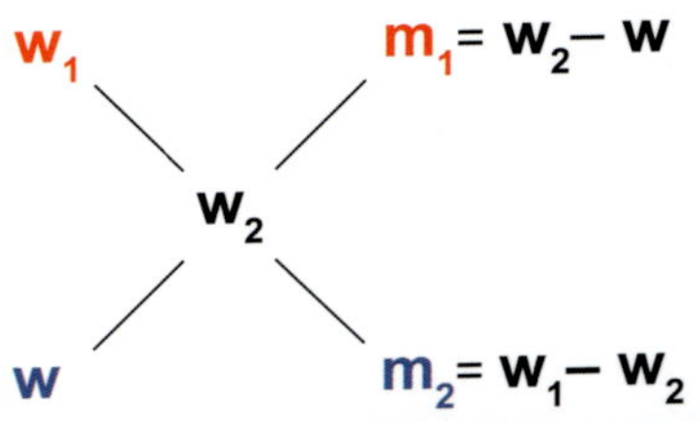

w_1 — $m_1 = w_2 - w$
 w_2
w — $m_2 = w_1 - w_2$

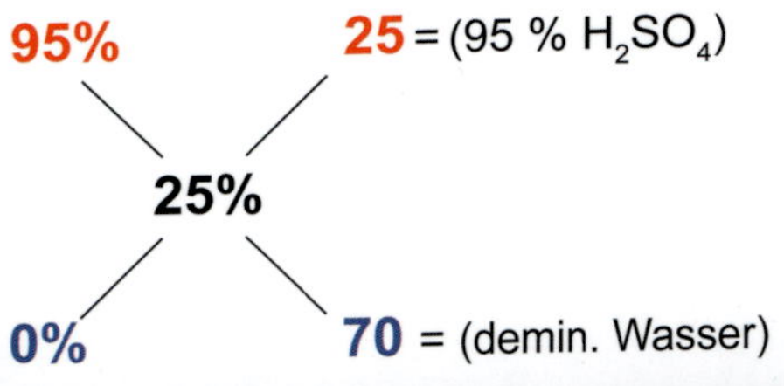

95% — 25 = (95 % H_2SO_4)
 25%
0% — 70 = (demin. Wasser)

Durchführung:

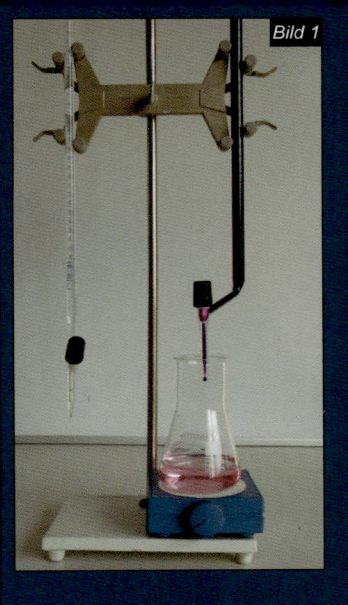

Bild 1

- Anhand der *Tabelle 1* Probenvolumen ablesen.
- Probenvolumen in einen Erlenmeyerkolben pipettieren und mit demin. Wasser auf 100 *ml* auffüllen (demin. Wassermenge mittels Messzylinder abmessen).
- Erlenmeyerkloben mit Siedesteinchen versehen und mit 5 *ml* der 25 % Schwefelsäure versetzen.
- Probenlösung auf der Heizplatte zum Sieden bringen und 15 *ml* $KMnO_4$ in die erhitzte Probenlösung geben. Probe färbt sich **violett** an *(Bild 1)*.
- Probenlösung genau 10 *min* leicht köcheln lassen.
- 15 *ml* Oxalsäure der Probenlösung zufügen. Nach der Säure-Zugabe entfärbt sich die Probe. (Die Farbe verändert sich von violett nach farblos).
- Unter Rühren wird die Probe mittels der $KMnO_4$-Lösung bis zum Farbumschlag von farblos nach rosa titriert.
- Der $KMnO_4$-Verbrauch* in *ml* wird notiert. (Verbrauch sollte zwischen 6 und 12 *ml* liegen. Falls dies nicht der Fall ist, Bestimmung mit anderem Probenvolumen wiederholen).
- Eine Blindwert-Bestimmung ist zu empfehlen (anstatt Probe wird demin. Wasser titriert. Blindwert wird von dem $KMnO_4$-Verbrauch der Probe abgezogen).

Tabelle 1

Vermuteter $KMnO_4$-Verbrauch mg/l	Volumen der Probe ml
50	50
100	25
200	15
300	10
500	5

Austwertung:

058

$$\text{KMnO}_4\text{-Verbrauch } (mg/l) = \frac{(V_2\,(ml) - V_1\,(ml)) \cdot 316\,(mg/l)}{V_{Probe}\,(ml)}$$

$V_{Probe}\ (ml)$ - Volumen der Probe
$V_1\ (ml)$ - KMnO$_4$-Verbrauch-demin. Wasser
$V_2\ (ml)$ - KMnO$_4$-Verbrauch-Probe
$316\ (mg/l)$ - Analytischer Faktor

Beispiel:

	V_{Probe} ml	V_1 ml	V_2 ml
Blindwert - demin. Wasser	100	0,55	
Auslauf	100		7,55
Ablauf Vorklärung	10		6,74

$$\text{KMnO}_4\text{-Verbrauch (Auslauf)} = \frac{(V_2\,(ml) - V_1\,(ml)) \cdot 316\,(mg/l)}{V_{Probe}\,(ml)} = \frac{(7,55 - 0,55) \cdot 316}{100} = \mathbf{22}\ mg/l$$

$$\text{KMnO}_4\text{-Verbrauch (Abl. Vorkl.)} = \frac{(6,74\ ml - 0,55\ ml) \cdot 316\ mg/l}{10\ ml} = \mathbf{196}\ mg/l$$

Ergebnis: KMnO$_4$-Verbrauch wird in **mg/l** ohne Nachkommastelle eingegeben.

2.12 Chemischer Sauerstoffbedarf (CSB)

Geräte:	Reaktionsküvette mit einem geeigneten Messbereich - Küvettenständer - Kolbenhubpipette - Thermoblock (evtl. Hochtemperaturblock, Mikrowellenaufschluss) - Fotometer.
Proben:	Homogenisierte Wasserproben
Reagenzien:	Die oxidierbaren Stoffe der Wasserprobe reagieren mit schwefelsaurer Kaliumdichromatlösung unter Zusatz von Silbersulfat als Katalysator. Der Dichromat-Verbrauch wird fotometrisch ermittelt und als Sauerstoffverbrauch in *mg/l* angegeben. Die Reaktionsküvetten enthalten bereits die für die Analyse erforderlichen Chemikalien.

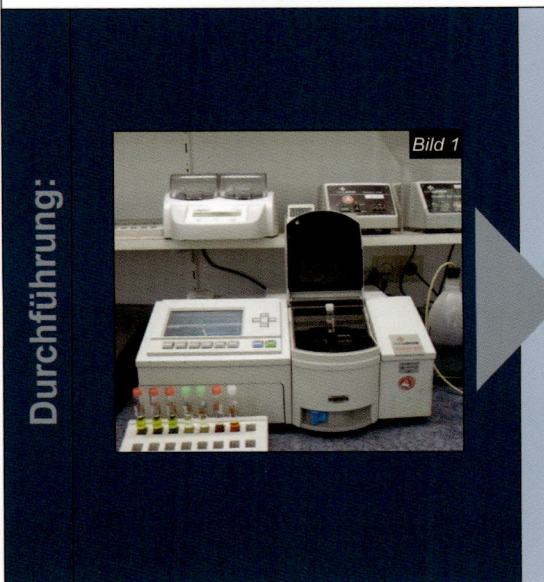

Durchführung:

Bild 1

- Reaktionsküvette aus dem Liefergebinde entnehmen und mehrfach schwenken, so dass der Bodensatz in Schwebe gebracht wird.

- Deckel vorsichtig abschrauben und vorgeschriebenes Probevolumen mit der Kolbenhubpipette in die Reaktionsküvette pipettieren (Achtung: Reaktionsküvette wird heiß!).

- Reaktionsküvette mit dem Deckel verschließen, mehrfach schwenken, von außen gut säubern und in den Thermostat stellen *(Bild1)*.

- Im Thermostat wird die Reaktionsküvette entsprechend der Analysenvorschrift bei einer Temperatur von 148 °C für 2 Stunden erhitzt. Bei Verwendung des Hochtemperaturheizblocks sind kürzere Zeiten möglich. Herstellerangaben beachten!

- Reaktionsküvette aus dem Thermostat entnehmen, schwenken, in den Küvettenständer stellen und auf Raumtemperatur abkühlen lassen (ca. 20 min.).

- Reaktionsküvette von außen nochmals reinigen und auswerten.

060

Durchführung der Messung:

- Auswahl des Filters zur Messung der Extinktion erfolgt automatisch, entsprechend den auf der Reaktionsküvette aufgebrachten Markierungen.

- Messwertanzeige notieren. Bei einer vorher eventuell vorgenommenen Probenverdünnung ist der Verdünnungsfaktor zu berücksichtigen.

- Verbrauchte Küvetten zur Entsorgung an den Lieferanten zurückschicken.

Auswertung:

- Vom Fotometer werden je nach Analysenmethode bzw. Messbereich die Abnahme bzw. Zunahme der Gelbfärbung des Cr^{6+} oder die Grünfärbung des Cr^{3+} automatisch ausgewertet.

- Chloridgehalte bis ca. 1.500 *mg/l* werden mittels Quecksilbersulfat maskiert. Höhere Chloridkonzentrationen im Wasser führen zu Mehrbefunden (Plausibilitätsprüfung – Verdünnung anwenden).

- Der Sauerstoff wird nicht nur für die Oxidation der organischen Inhaltsstoffe verbraucht, sondern für die Oxidation von NO_2^--N zu NO_3^--N (1 *mg* NO_2^--N ergibt 1,14 *mg* CSB). Dies ist bei hohen NO_2^--N-Gehalten (Industrielle Einleiter, gestörte Nitrifikation/Denitrifikation) zu beachten.

Beispiel:

- Im nicht behandelten Abwasser unterliegen die CSB-Werte* einer erheblichen Schwankungsbreite, abhängig von den Zulaufbedingungen (Trockenwetter / Regenwetter, *Tabelle 1*)

- Im Ablauf liegen die CSB-Werte bei einer gut funktionierenden Anlage meist unter 60 *mg/l*.

Tabelle 1 — CSB – Werte (Beispiel)

	CSB *mg/l*
Zulauf	100 - 1.000
Ablauf Vorklärung	100 - 500
Auslauf	20 - 60

Alternativmessungen zur CSB-Bestimmung mittels Betriebsmethoden:

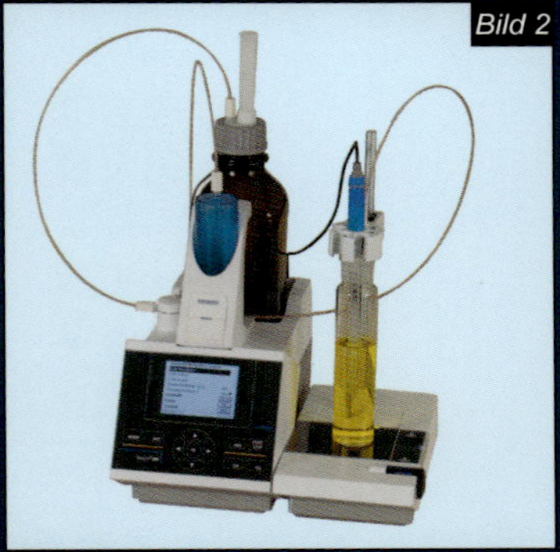

Bild 2

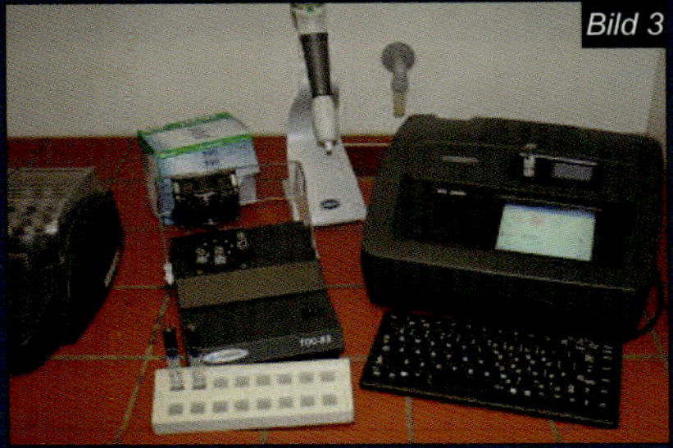

Bild 3

CSB nach DIN-Verfahren DIN 38 409 - H 41

Trotz ökologischen und gesundheitlichen Bedenken beim Umgang mit den gefährlichen Arbeitsstoffen wird das DIN-Verfahren bei der behördlichen Überwachung und bei gefärbten oder nach dem Aufschluss noch trüben Proben angewendet *(Bild 2)*.
Die Schadstoffbelastung aus den DIN-Verfahren ist aufgrund der hohen Chemikalienmenge etwa um den Faktor 15 höher als bei den Betriebsmethoden. **In den Klärwerkslaboren** werden überwiegend die Betriebsmethoden für die CSB-Bestimmung eingesetzt.

TOC-Bestimmung*:

TOC - der gesamte organische Kohlenstoff ist ein Maß für den Kohlenstoffgehalt gelöster und ungelöster organischer Stoffe in Wasser, liefert jedoch keinen Hinweis über die Art der organischen Substanz.

- Der TOC wird wie auch der CSB aus der homogenisierten Probe bestimmt.
- Eine generelle Umrechnung bzw. das Festsetzen eines Faktors um vom TOC auf den CSB einer *unbekannten Probe* zu schließen ist aus chemischer Sicht nicht möglich.
- Der TOC kann wie der CSB mittels Betriebsmethoden ermittelt werden *(Bild 3)*.
- Für jede Probenahmestelle lässt sich in der Regel ein typisches CSB/TOC Verhältnis ermitteln.

Ergebnis: Das Ergebnis von CSB wird in *mg/l* ohne Nachkommastelle angegeben.
Der TOC wird in *mg/l* **Kohlenstoff** ausgewertet. Anzahl der Nachkommastellen s. Herstellerangaben.

2.13 Biochemischer Sauerstoffbedarf in 5 Tagen (BSB$_5$) - Oxi-Top-Methode

Geräte: BSB-Flaschen - Gummiköcher - Trichter - Überlaufkolben 432 *ml*, 365 *ml*, 250 *ml*, 164 *ml* - Oxi-Tops - Brutschrank (20 °C) mit Magnetrührer

062

Proben: Wasserproben

Reagenzien: Nitrifikationshemmer Allylthioharnstoff (ATH) - Natriumhydroxid-Plätzchen „rein" - Vaseline

Durchführung:

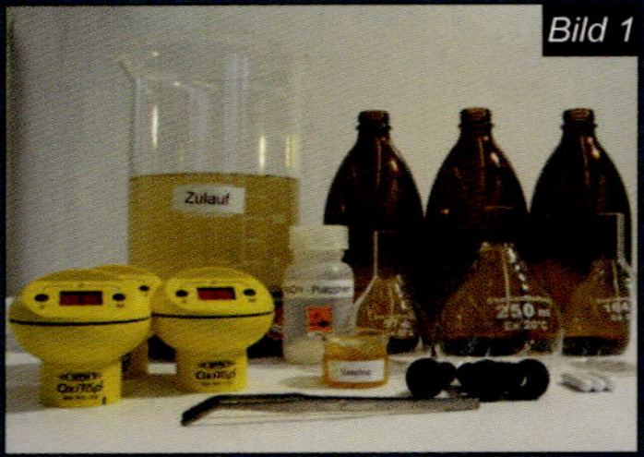

Bild 1

Bild 2

- CSB von der Wasserprobe bestimmen und anhand der Werte das Einfüllvolumen aus der *Tabelle 1* ablesen.
- Probe im Becherglas mit ATH (2 Tropfen ATH /100 *ml* Probe) versetzen.
- Mittels Überlaufkolben die Proben abmessen und in jeweils 3 BSB-Flaschen umfüllen. Jede Flasche mit einem Magnetrührstäbchen und einem Gummiköcher - in den man 2 NaOH-Plätzchen gibt - versehen *(Bild 1)*.
- Oberen Rand der Gummiköcher zum Abdichten mit Vaseline einreiben.
- Oxi-Top aufsetzen, **fest zudrehen** und einschalten. Anzeige muss auf „Null" stehen.
- Flaschen im Brutschrank auf die Magnetrührer *(Bild 2)* stellen und die Magnetrührer einschalten.
- Nach 5 Tagen die Flaschen herausnehmen und die Werte am Oxi-Top ablesen.
- Dokumentation der Bestimmung erfolgt mittels BSB$_5$-Messbogen oder Excel-Grafik *(Bild 3)*.

Auswertung:

Tabelle 1 Kenndaten für die BSB_5* - Methode mittels Oxi-Top

CSB	BSB_5- Erwartungswert	Probevolumen	Faktor
mg/l	mg/l	ml	
< 50	< 40	432	1
< 100	< 80	365	2
< 280	< 200	250	5
< 500	< 400	164	10
< 1000	< 800	97	20

Bild 3 BSB_5 Ablauf Vorklärung

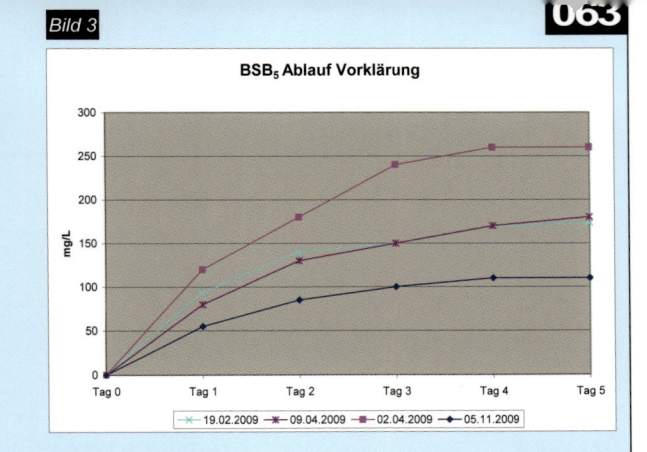

(Diagramm mit Messreihen: 19.02.2009, 09.04.2009, 02.04.2009, 05.11.2009)

Zulauf - CSB = 720 *mg/l*;

Probevolumen = 97 *ml* (Tabelle 1)

BSB_5 Flasche 1 - 16 *mg/l*　　Mittelwert von den drei Proben bil-
BSB_5 Flasche 2 - 18 *mg/l*　　den (17 mg/l) und mit dem Faktor
BSB_5 Flasche 3 - 17 *mg/l*　　aus Tabelle 1 multiplizieren. ⟶ BSB_5 *(Zulauf)* = 17 · 20 = **340** *mg/l*

Beispiel:

Tabelle 2 Zusammenstellung der Ergebnisse

	CSB	V-Probe	F	BSB_5 (MW)	BSB_5
	mg/l	ml		mg/Ansatz	mg/l
Zulauf	575	97	20	21	420
Ablauf Vorklärung	495	164	10	39	390
Auslauf	27	432	1	< 5	< 5

Ergebnis:　　Das Ergebnis wird in *mg/l* ohne Nachkommastelle angegeben.

2.14 Biochemischer Sauerstoffbedarf in 5 Tagen (BSB$_5$) - Verdünnungsmethode

064

Geräte: Karlsruher-Flaschen - Trichter - Überlaufkolben 200 *ml*, 300 *ml*, 400 *ml*, Brutschrank - Luftpumpe - 3 Messkolben; Nennvolumen 1000 *ml* - Vorratsbehälter für Verdünnungswasser - Homogenisator - Sauerstoffmessgerät

Proben: Wasserproben

Reagenzien: Nitrifikationshemmer Allylthioharnstoff (ATH)

Verdünnungswasser: 5 / Trinkwasser + 10 % Ablauf Vorklärung (CSB 200 - 250 *mg/l*)
Aufbewahrung: bei 20 ± 1 °C vor Licht geschützt, ständig belüftet.
Verwendbarkeit: vom 3. bis zum 10. Tag nach der Einimpfung
Sauerstoffverbrauch nach 5 Tagen soll zwischen 0,5 und 1,5 *mg/l* liegen.

Verdünnungsschema

Tabelle 1

Probenbezeichnung	CSB	BSB$_5$- Erwartungswert	Anteil der Wasserprobe im Ansatz		
			Ansatz 1	Ansatz 2	Ansatz 3
	mg/l	*mg/l*	*ml/l*	*ml/l*	*ml/l*
Ablauf	< 30	< 5	1000 *ml* original Wasserprobe (unverdünnt)		
	30 - 50	5 - 20	200	300	450
Zulauf oder **Ablauf Vorklärung**	30 - 50	10 - 40	50	100	150
	50 - 100	40 - 80	25	50	75
	100 - 150	80 - 120	15	30	45
	150 - 300	120 - 250	10	20	30

Durchführung:

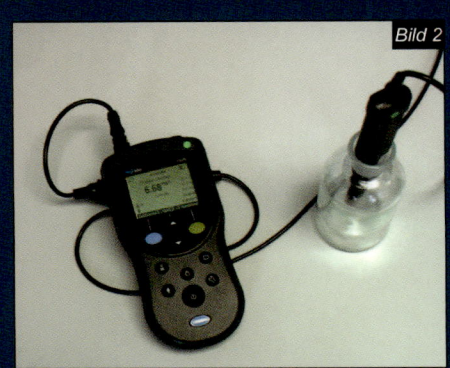

- CSB von der Wasserprobe bestimmen und anhand der Werte das Einfüllvolumen aus der *Tabelle 1* ablesen.

- In einen 1000 *ml* Messkolben wird durch einen Trichter das erforderliche Volumen der homogenisierten Wasserprobe und ATH-Lösung (5 *mg ATH/l* Probe) gegeben und bis zur Marke mit Verdünnungswasser aufgefüllt.

- Es werden mindestens 3 Ansätze á 1000 *ml* vorbereitet. Von jedem Ansatz ist eine Dreifachbestimmung durchzuführen.

- Wird ein BSB$_5$-Wert von weniger als 10 *mg/l* erwartet, reicht ein Ansatz aus einer unverdünnten Probe. Die Probe wird durch Rühren, Schütteln oder Belüften mit Sauerstoff gesättigt.

- Die Ansätze werden in „Karlsruher Flaschen" verteilt *(Bild 1)*.

- Die Flaschen müssen mit Datum, Ansatznummer und Verdünnungszeit beschriftet und randvoll sein.

- An den Flaschenrundungen haftende Luftblasen werden mit Kunststoffstab durch Klopfen entfernt.

- Die bereitgestellten Verdünnungen und 2 Flaschen Verdünnungswasser werden 5 Tage bei 20 ± 1 *°C* vor Licht geschützt inkubiert.

- Vor und nach der Inkubation (nach 5 Tagen) wird in jeder Flasche der gelöste Sauerstoff mittels einen Sauerstoff-Sensors gemessen *(Bild 2)*.

- Der Endwert nach 5 Tagen in den Verdünnungsansätzen darf die Sauerstoffkonzentration von 2 *mg/l* nicht unterschreiten.

Auswertung:

- Die Proben werden 5 Tage lang nicht gerührt; bei höheren Gehalten an abfiltrierbaren Stoffen kann es zu ungleichen Sauerstoffverteilungen in der Flasche kommen (**Empfehlung: Flasche mehrmals am Tag schwenken**).

- Bei falsch abgeschätzter Verdünnung kann es vorkommen, dass der zur Verfügung stehende Sauerstoff (ca. 8 *mg/l*) für die 5 Tage nicht ausreicht. Die Ergebnisse sind dann unbrauchbar.

Verbrauch Ansatz *(mg/l)* = c_{O_2} **Anfang** − c_{O_2} **Ende**   **8,11** *mg/l* − **6,53** *mg/l*   = **1,58** *mg/l*

Verbrauch Verd. Wasser *(mg/l)* = c_{O_2} **Anfang** − c_{O_2} **Ende**   **8,21** *mg/l* − **7,90** *mg/l*   = **0,31** *mg/l*

Beispiel:

Auswertung der Sauerstoffzehrung in 5 Tagen

	O_2	Datum	Uhrzeit						
Anfang	*mg/l*	01.04.	13:15						
Ende	*mg/l*	06.04.	13:30						
Verbrauch	*mg/l*								
Mittelwert	*mg/l*								
BSB$_{5\,(Verd)}$	*mg/l*	**BSB$_5$ MW = 127** *mg/l*							

Ergebnis:

Das Ergebnis wird in *mg/l* ohne Nachkommastelle angegeben.

2.15 Stickstoff gesamt (TN_b) nach der Oxidation

Geräte:	Reaktionsglas bzw. leere Rundküvette - Reaktionsküvette - Küvettenständer - Kolbenhubpipette - Thermoblock - Fotometer
Proben:	Homogenisierte Wasserprobe (Stickstoff liegt sowohl in gelöster Form, als NH_4^+-N/NH_3, NO_2^--N und NO_3^--N und als organisch gebundener Stickstoff in partikulärer Form - *z.B. in Biomasse* - vor).
Reagenzien:	Der anorganische (Ammonium/Ammoniak, Nitrit, Nitrat) und der organische Stickstoff werden durch einen Aufschluss mit Peroxodisulfat zu Nitrat oxidiert, das in einer stark sauren Lösung mit Dimethylphenol zu einem farbigen 2,6-Dimethyl-4-Nitrophenol-Komplex reagiert. Die Reaktionsküvetten enthalten bereits die für die Analyse erforderlichen Chemikalien oder sie werden separat mitgeliefert.

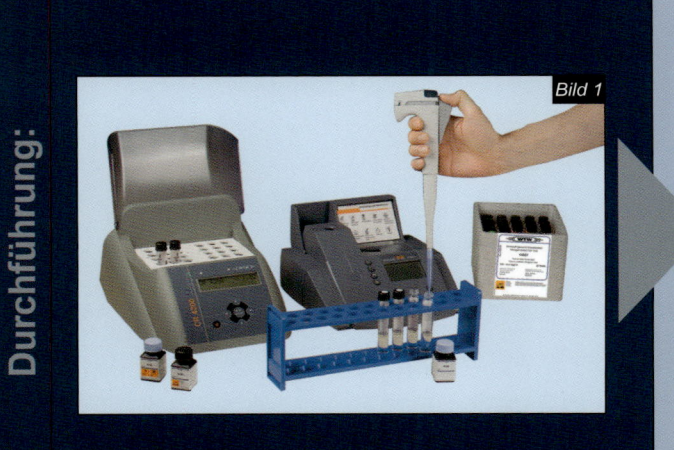

Durchführung:

Bild 1

Probenvorbereitung zum Aufschluss:

- Vorgeschriebenes Probevolumen in das Reaktionsglas bzw. in die leere Rundküvette pipettieren und die Chemikalien nach den Herstellerangaben zugeben und sofort verschließen.

- Reaktionsglas in den Thermostat stellen *(Bild 1)* und entsprechend den Herstellerangaben 60 Minuten auf eine Temperatur von 100 °C bzw. 120 °C erhitzen.

- Reaktionsglas aus dem Thermostat entnehmen und auf Raumtemperatur abkühlen lassen. Weitere Chemikalien nach Herstellerangaben zugeben und schwenken, bis sich der Feststoff vollständig aufgelöst hat.

068

Durchführung der Messung:

- Reaktionsküvette zur Nitrat-Stickstoffbestimmung aus dem Liefergebinde entnehmen. Reaktionsküvette sollte bei der Analyse sollte Raumtemperatur (ca. 20 °C) aufweisen.

- Deckel vorsichtig abschrauben und Reaktionsküvette in einen Küvettenständer stellen.

- Vorgeschriebenes Probevolumen mit der Kolbenhubpipette aus dem Reaktionsglas bzw. der Rundküvette (aufgeschlossene Probe) aufnehmen und vorsichtig in die Reaktionsküvette geben, Kolbenhubpipette vollständig entleeren.

- Ggf. weitere Chemikalien für die Analyse entsprechend der herstellerspezifischen Angaben in die Reaktionsküvette pipettieren *(Bild 2)*.

- Reaktionsküvette verschließen und schwenken, bis keine Schlieren mehr sichtbar sind. Küvette nach der vorgeschriebenen Reaktionszeit (je nach Hersteller 10 bis 15 Minuten) auswerten.

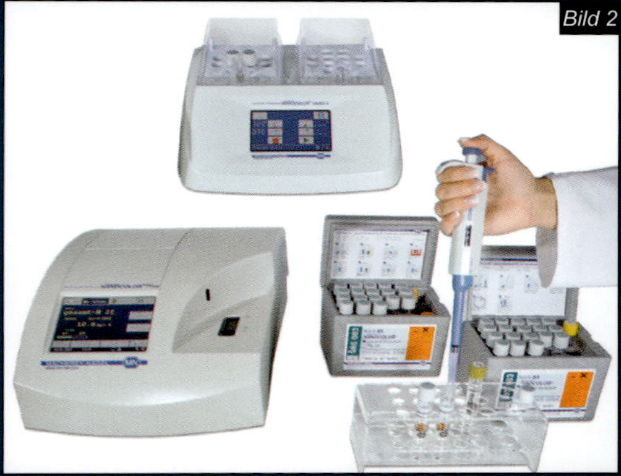

Bild 2

- Küvette von außen nochmals reinigen und in das Fotometer einsetzen.

- Der Filter zur Extinktionsmessung wird automatisch, entsprechend den auf der Reaktionsküvette aufgebrachten Markierungen, eingestellt.

- Messwertanzeige notieren und ggf. nach Herstellervorschrift auswerten. Bei einer vorher eventuell vorgenommenen Probenverdünnung den tatsächlichen Messwert mit dem Verdünnungsfaktor multiplizieren.

- Verbrauchte Küvetten zur Entsorgung an den Lieferanten zurückschicken.

Auswertung: Vom Fotometer wird der bei der chemischen Reaktion der Nitrationen gebildete farbige 2,6-Dimethyl-4-Nitrophenol-Komplex vermessen (Wellenlänge 324 *nm*) und als NO_3^--N ausgegeben.

Der Gesamtstickstoff enthält neben den anorganischen gelösten Bindungsformen NH_4^+-N, NO_2^--N, NO_3^--N auch den organisch gebundenen Stickstoff (sowohl in gelöster als auch in partikulärer Form).

Die Bestimmung des Gesamtstickstoffes* im Zu- und im Ablauf einer Kläranlage wird benötigt, um deren Reinigungsleistung zu bilanzieren.

Beispiel: Im nicht behandelten Abwasser unterliegt der Gesamtstickstoffgehalt einer erheblichen Schwankungsbreite, abhängig von den Zulaufbedingungen (Zufluss bei Trockenwetter / Regenwetter), dem Fremdwasseranfall und den gewerblichen/industriellen Einleitern. Werte zwischen 20 *mg/l* und 100 *mg/l* sind durchaus üblich.

Im Ablauf liegen die Gesamtstickstoffgehalte im Normalfall bei einer auf Nitrifikation/Denitrifikation ausgelegten biologischen Reinigungsstufe meist unter 20,0 *mg/l*.

Wenn keine Denitrifikation durchgeführt wird, können auch wesentlich höhere Konzentrationen vorgefunden werden.

Im Ablauf der biologischen Reinigungsstufe sind durchschnittlich noch 2*mg/l* organisch gebundener Stickstoff enthalten. Dieser Wert ergibt sich aus dem Gesamtstickstoffgehalt abzüglich der NH_4^+-N, NO_2^--N und NO_3^--N Konzentrationen.

$$N_{org.} = TN_b^* - NH_4^+\text{-N} - NO_3^-\text{-N} - NO_2^-\text{-N}$$

Ergebnis: Das Ergebnis wird in *mg/l* mit einer Nachkommastelle angegeben

2.16 Nitratstickstoff (NO$_3^-$-N)

070

Geräte:	Reaktionsküvette - Küvettenständer - Kolbenhubpipette - Fotometer - Timer
Proben:	filtrierte Wasserproben (NO$_3^-$-N* liegt in gelöster Form vor)
Reagenzien:	Die Nitrationen reagieren in einer stark sauren Lösung mit Dimethylphenol zu einem farbigen 2,6-Dimethyl-4-Nitrophenol-Komplex. Die Reaktionsküvetten enthalten bereits die für die Analyse erforderlichen Chemikalien oder sie werden separat mitgeliefert.

Durchführung:

Bild 1

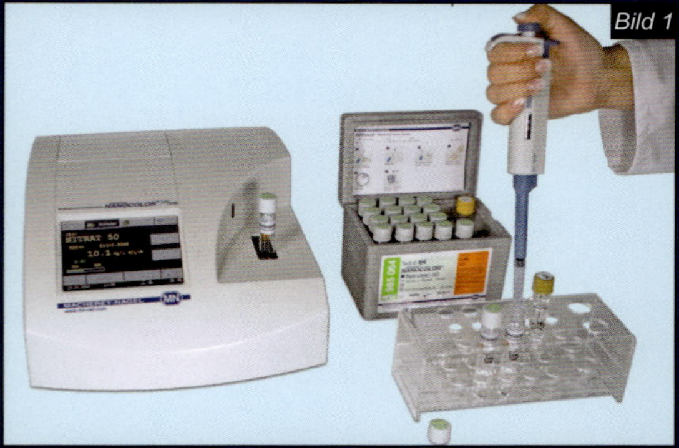

- Reaktionsküvette aus der Packung entnehmen. Reaktionsküvette sollte bei der Analyse Raumtemperatur (ca. 20 °C) aufweisen.

- Deckel vorsichtig abschrauben und Reaktionsküvette in einen Küvettenständer stellen.

- Vorgeschriebenes Probevolumen mit der Kolbenhubpipette aufnehmen und vorsichtig in die Reaktionsküvette geben, Kolbenhubpipette vollständig entleeren (Bild 1).

- Farbreagenz für die Analyse entsprechend der herstellerspezifischen Angaben in die Reaktionsküvette pipettieren.

- Reaktionsküvette verschließen und schwenken, bis keine Schlieren mehr sichtbar sind.

- Reaktionsküvette in den Küvettenständer stellen und die vorgeschriebene Reaktionszeit (je nach Hersteller 10 bis 15 Minuten) abwarten.

Durchführung der Messung:

- Fotometer einschalten.

- Reaktionsküvette von außen nochmals mit einem trockenen Tuch reinigen und in den Fotometer einsetzen.

- Der Filter zur Messung der Extinktion wird automatisch entsprechend den auf der Reaktionsküvette aufgebrachten Markierungen eingestellt.

- Messwertanzeige notieren und ggf. nach Herstellervorschrift auswerten. Bei einer vorher eventuell vorgenommenen Probenverdünnung den tatsächlichen Messwert mit dem Verdünnungsfaktor berechnen.

- Verbrauchte Küvetten zur Entsorgung an den Lieferanten zurückschicken.

Auswertung: Vom Fotometer wird der bei der chemischen Reaktion der Nitrationen gebildete farbige 2,6-Dimethyl-4-Nitrophenol-Komplex vermessen (Wellenlänge 324 *nm*) und als NO_3^--N ausgegeben.

Beispiel: Im nicht behandelten Abwasser sind in der Regel nur geringe NO_3^--N - Konzentrationen aufzufinden (< 2,0 *mg/l*). Lediglich bei größeren Einleitungen aus der Industrie und bei hohem Fremdwasseranteil sind höhere Konzentrationen möglich.

In der biologischen Reinigungsstufe bilden die Nitrifikanten aus Ammonium - über einen Zwischenschritt von Nitrit - Nitrat. Im Ablauf liegen die NO_3^--N Konzentrationen bei einer auf Nitrifikation/Denitrifikation ausgelegten biologischen Reinigungsstufe meist unter 20,0 *mg/l*.
Wenn keine Denitrifikation durchgeführt wird, können auch wesentlich höhere Konzentrationen vorgefunden werden.

Ergebnis: Das Ergebnis wird in *mg/l* mit einer Nachkommastelle angegeben.

2.17 Ammoniumstickstoff (NH_4^+-N)

072

Geräte: Reaktionsküvette - Kolbenhubpipette - Fotometer - Küvettenständer - Timer

Proben: filtrierte Wasserproben (NH_4^+-N* liegt in gelöster Form vor)

Reagenzien: Ammoniumionen reagieren bei pH-Werten über 12,6 mit Hypochlorit- und Silicylationen in Gegenwart von Nitroprusid-Natrium als Katalysator zu Indophenolblau, das fotometrisch ermittelt und als NH_4^+-N angegeben wird. Die Reaktionsküvetten enthalten bereits die für die Analyse erforderlichen Chemikalien oder sie werden separat mitgeliefert.

Durchführung:

Bild 1

- Reaktionsküvette aus der Packung entnehmen. Küvette sollte bei der Analyse Raumtemperatur (ca. 20 °C) aufweisen.

- Deckel vorsichtig abschrauben und Reaktionsküvette in einen Küvettenständer stellen.

- Vorgeschriebenes Probevolumen mit der Kolbenhubpipette aufnehmen und vorsichtig in die Reaktionsküvette geben; Kolbenhubpipette vollständig entleeren.

- Soweit die Chemikalien für die Analyse nicht schon im Deckel der Reaktionsküvette enthalten sind, sind diese entsprechend der Herstellerangaben der Reaktionsküvette zuzugeben.

- Reaktionsküvette mit dem Deckel verschließen, mehrfach schwenken und in den Küvettenständer stellen.

- Reaktionszeit von 15 Minuten abwarten und dann Auswertung der Küvette fotometrisch vornehmen (Bild 1).

Durchführung der Messung:

- Fotometer einschalten.

- Reaktionsküvette von außen reinigen und in das Fotometer einsetzen.

- Nachdem das Fotometer den Test erkannt hat und den erforderlichen Filter zur Messung der Extinktion automatisch ausgewählt hat, wird die Auswertungsmodalität geprüft. Bei einer vorher eventuell vorgenommenen Probenverdünnung ist der Verdünnungsfaktor zu berücksichtigen.

- Messwertanzeige ablesen und notieren. Reaktionsküvette in die Transportverpackung zurückstellen.

- Verbrauchte Küvetten zur Entsorgung an den Lieferanten zurückschicken.

Auswertung:	Ammoniumionen (NH_4^+-N) und Ammoniak (NH_3-N) liegen in Abhängigkeit des pH-Wertes und der Temperatur in einem Löslichkeitsgleichgewicht vor.
	Bei der Analyse wird der Ammoniak vollständig in Ammonium überführt. Das durch die Reaktionen der Chemikalien mit dem Ammonium gebildete Indophenolblau wird vom Fotometer ausgewertet und als NH_4^+-N ausgegeben (Wellenlänge ca.665 *nm*).
Beispiel:	• Im nicht behandelten Abwasser unterliegen die NH_4^+-N-Konzentrationen einer erheblichen Schwankungsbreite, abhängig von den Zulaufbedingungen (Zufluss bei Trockenwetter / Regenwetter), dem Fremdwasseranfall und den gewerblichen/industriellen Einleitern. Werte zwischen 10,0 *mg/l* und 100,0 *mg/l* sind durchaus üblich.
	• Im Ablauf liegen die NH_4^+-N-Werte im Normalfall bei einer auf Nitrifikation ausgelegten biologischen Reinigungsstufe meist unter 5,0 *mg/l*, bei Wassertemperaturen über 12 °C sogar häufig unter 1,0 *mg/l*.
Ergebnis:	Das Ergebnis wird in ***mg/l*** mit einer bzw. zwei Nachkommastellen (abhängig vom Messbereich) angegeben.

2.18 Nitritstickstoff (NO_2^--N)

		074
Geräte:	Reaktionsküvette - Kolbenhubpipette - Fotometer - Küvettenständer - Timer	

Proben: filtrierte Wasserproben (NO_2^--N* liegt in gelöster Form vor)

Reagenzien: In einer sauren Lösung reagiert Nitrit mit armomatischen Aminen und N-(1-Naphthyl)-ethylendiamin zu einem rotvioletten Azofarbstoff. Die Reaktionsküvetten enthalten bereits die für die Analyse erforderlichen Chemikalien oder sie werden separat mitgeliefert.

Durchführung:

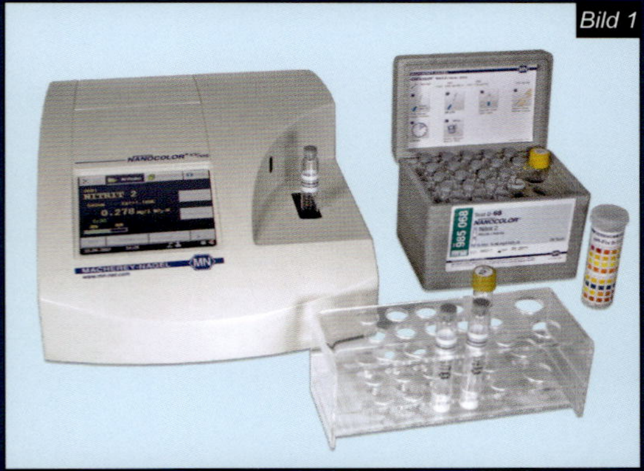

Bild 1

- Reaktionsküvette aus dem Liefergebinde entnehmen. Deckel vorsichtig abschrauben und Reaktionsküvette in einen Küvettenständer stellen.

- Vorgeschriebenes Probevolumen mit der Kolbenhubpipette aufnehmen und vorsichtig in die Reaktionsküvette geben; Kolbenhubpipette vollständig entleeren.

- Die weiteren Arbeitsschritte entsprechend den Analysenvorschriften der verwendeten Reaktionsküvetten durchführen.

- Reaktionsküvette in den Küvettenständer stellen und die vorgeschriebene Reaktionszeit (je nach Hersteller 10 bis 15 Minuten) abwarten.

Durchführung der Messung:

- Fotometer einschalten. Reaktionsküvette von außen reinigen und in das Fotometer einsetzen.
- Die gebräuchlichen Fotometer stellen den erforderlichen Filter zur Messung der Extinktion automatisch entsprechend den auf der Reaktionsküvette aufgebrachten Markierungen ein.
- Messwertanzeige notieren und ggf. nach Herstellervorschrift auswerten. Bei einer vorher eventuell vorgenommenen Probenverdünnung wird der Messwert mit dem Verdünnungsfaktor multipliziert.
- Reaktionsküvette in die Transportverpackung zurückstellen.
- Verbrauchte Küvetten zur Entsorgung an den Lieferanten zurückschicken.

Auswertung: Vom Fotometer wird die bei der chemischen Reaktion gebildete Rotviolettfärbung ausgewertet und als Nitritstickstoff ausgegeben.

Beispiel: Die Nitritstickstoffwerte sind im Zulauf sehr gering. Durch industrielle Einleitungen können Nitritverbindungen ins Abwasser gelangen, die jedoch meist durch anaerobe Milieubedingungen im Kanalnetz zu gasförmigen Stickstoff oder Stickoxiden reduziert werden. Bei einer ungestörten Nitrifikation/Denitrifikation liegen die NO_2^--N-Konzentrationen i.d.R. unter 0,5 *mg/l*. Durch eine gestörte Nitrifikation/Denitrifikation können auch deutlich höhere NO_2^--N im Ablauf auftreten.

Ergebnis: Das Ergebnis wird in *mg/l* mit einer bzw. zwei Nachkommastellen angegeben.

2.19 Phosphor gesamt (P$_{ges.}$)

076

Geräte: Reaktionsküvette - Kolbenhubpipette - Fotometer - Küvettenständer - Thermoblock - Timer

Proben: Homogenisierte Wasserprobe (Phosphor liegt sowohl in gelöster Form, als auch in partikulärer Form vor).

Reagenzien: Phosphationen reagieren in saurer Lösung mit Molybdat- und Antimonionen. Mit Ascorbinsäure entsteht Phosphormolybdänblau. Die Reaktionsküvetten enthalten bereits die für die Analyse erforderlichen Chemikalien oder sie werden separat mitgeliefert.

Durchführung:

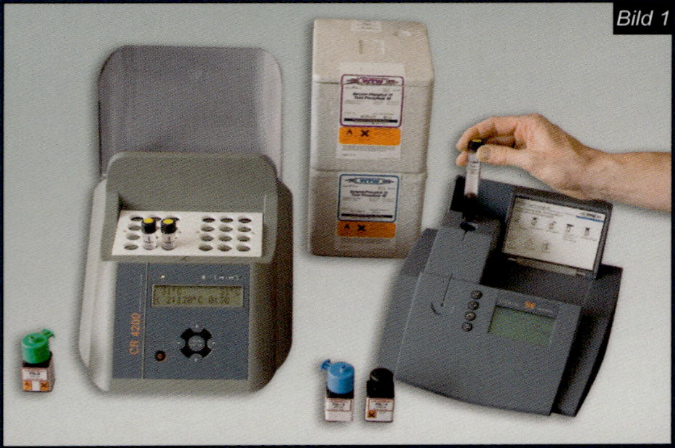

Bild 1

- Reaktionsküvette aus dem Liefergebinde entnehmen. Deckel vorsichtig abschrauben und Reaktionsküvette in einen Küvettenständer stellen.

- Vorgeschriebenes Probevolumen mit der Kolbenhubpipette aufnehmen und vorsichtig in die Reaktionsküvette geben, Kolbenhubpipette vollständig entleeren.

- Die weiteren Arbeitsschritte entsprechend den Analysenvorschriften der verwendeten Reaktionsküvetten durchführen.

- Zur Erfassung des Gesamtphosphors ist ein Aufschluss (Hydrolyse) der noch nicht als ortho-Phosphat vorliegenden Phosphorverbindungen durchzuführen.

Durchführung der Messung:

- Fotometer einschalten. Reaktionsküvette von außen reinigen und in das Fotometer einsetzen.

- Die heute gebräuchlichen Fotometer stellen den erforderlichen Filter zur Messung der Extinktion automatisch, entsprechend den auf der Reaktionsküvette aufgebrachten Markierungen, ein.

- Messwertanzeige notieren und ggf. nach Herstellervorschrift auswerten. Bei einer vorher eventuell vorgenommenen Probenverdünnung den tatsächlichen Messwert mit dem Verdünnungsfaktor berechnen.

- Reaktionsküvette in die Transportverpackung zurückstellen. Verbrauchte Küvetten zur Entsorgung an den Lieferanten zurückschicken.

Auswertung: Vom Fotometer wird die bei der chemischen Reaktion gebildete Blaufärbung ausgewertet und als ortho-Phosphat ausgeben. Durch den Aufschluss (Hydrolyse) werden alle Phosphorverbindungen erfasst (P_{ges}). Ohne Aufschluss wird nur das gelöste ortho-Phosphat erfasst. Die Bestimmung des Gesamtphosphors im Zu- und im Ablauf einer Kläranlage wird benötigt, um deren Reinigungsleistung zu bilanzieren. **Nicht fällbare Phosphorverbindungen**, die in größerem Umfang nur aus industriellen Einleitungen stammen, ergeben sich aus der Differenz der Analysenergebnisse der filtrierten Abwasserprobe mit und ohne Aufschluss (Hydrolyse).

Beispiel: Im nicht behandelten Abwasser unterliegt der Gesamtphosphorgehalt einer erheblichen Schwankungsbreite, abhängig von den Zulaufbedingungen (Zufluss bei Trockenwetter / Regenwetter), dem Fremdwasseranfall und den gewerblichen/industriellen Einleitern. Werte zwischen 5 *mg/l* und 15 *mg/l* sind durchaus üblich. Im Ablauf liegen die Gesamtphosphorgehalte bei einer gezielten Phosphorelimination (chemische Fällung oder biologische Phosphorelimination) im Normalfall meist unter 2,0 *mg/l*. Der in den abfiltrierbaren Stoffen gebundene Phosphor kann einen hohen Anteil am Gesamtphosphor im Ablauf haben.

Ergebnis: Das Ergebnis wird in *mg/l* mit einer Nachkommastelle angegeben.

2.20 Aluminium (AL³⁺)-Bestimmung in Fällmitteln *

078

Geräte: 2 Bechergläser 400 *ml* (niedere Form) - 2 Bechergläser 1000 *ml* (niedere Form) - Heizplatte 2 abgerundete Glasstäbe - 3 Messkolben 100 *ml* - 2 Glasfilter-Tiegel - Vakuum-Pumpe - Saugflasche mit Vakuum-Verschluss - Gummi-Wischer

Proben: Fällmittel

Reagenzien: 8-Hydroxychinolin-Lösung

5 g 8-Hydroxychinolin werden in etwa 12 *ml* konzentrierter Essigsäure in einem 100 *ml* Messkolben gelöst. Dieser wird dann mit demin. Wasser bis zur Marke aufgefüllt.

2 *N* Ammoniumacetat-Lösung (NH₄CH₃COO)

15,416 *g* NH₄CH₃COO werden in einem 100 *ml* Messkolben mit demin. Wasser gelöst. Der Kolben wird anschließend bis zur Marke mit demin. Wasser aufgefüllt.

Durchführung:

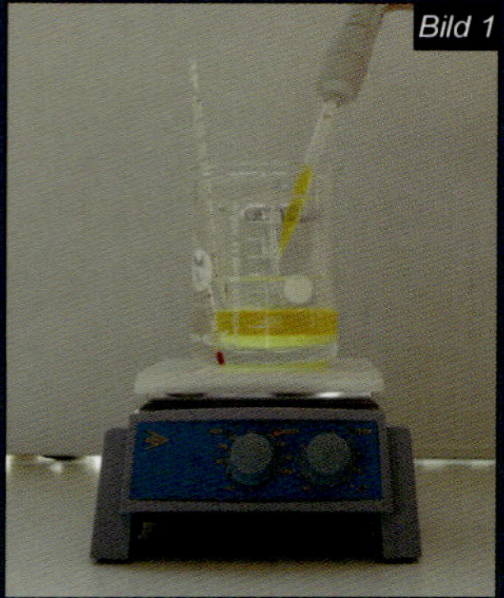

Bild 1

Zu beachten: Die benutzte Pipette mit demin. Wasser mehrmals nachspülen oder Probe abwiegen.

- Das zu analysierende Fällmittel 1:100 in 100 *ml* Messkolben mit demin. Wasser verdünnen.

- Jeweils 20 *ml* und 40 *ml* Probe werden von der verdünnten Probe entnommen und in die 400 *ml* Bechergläser pipettiert.

- 4 *ml* Essigsäure werden in jedes Becherglas zugegeben und auf etwa 100 *ml* mit demin. Wasser verdünnt.

- Beide Proben werden auf 70 °*C* erwärmt und mit 30 *ml* der Ammoniumacetat-Lösung versetzt.

- Hydroxychinolin-Lösung zugeben, bis ein bleibender Niederschlag entsteht (*Bild1*). Danach sind nochmals *20 ml* dieser Lösung zuzusetzen (*Überschuss für die vollständige Fällung*).

- Nach der Fällung bleiben die Proben 1 *h* im Wasserbad stehen. Die Glasfilter-Tiegel werden im Trockenschrank bis zur Massenkonstanz getrocknet, im Exsikkator auf Raumtemperatur abgekühlt und ausgewogen. Die Massen werden notiert (m_1).

- Nach einer Stunde wird die überstehende klare Lösung, die man durch Zugabe von einigen Tropfen Hydroxychinolin-Lösung auf Vollständigkeit der Fällung prüft, durch die abgewogenen Glasfilter-Tiegel filtriert.

- Anschließend wird der Niederschlag mit demin. Wasser aufgewirbelt und ebenfalls auf den Filter gespült. Der Niederschlag - $N(C_9H_6ON)_3$ - wird mit kaltem demin. Wasser gewaschen (*Bild 2*).

- Die Glasfilter-Tiegel werden bei 120 - 130 °C zwei Stunden im Trockenschrank getrocknet und dann ausgewogen (m_2) *Bild 3*).

Auswertung:

m_1 (g) — Masse Tiegel leer
m_2 (g) — Masse Tiegel voll
m_2 (g) – m_1 (g) — Niederschlagsmasse
$\varsigma_{(Probe)}$ (g/ml) — Dichte des Fällmittels
A_F — Analytischer Faktor $\quad A_F = \dfrac{26{,}98 \text{ g/mol}}{459{,}39 \text{ g/mol}}$

$F = V_{Kolben} / V_{(verd.\,Probe)}$ **Verdünnungsfaktor**

Masse an Aluminium in 1 *ml* orig. Probe

$m_{Al} = (m_2 - m_1) \cdot A_F \cdot F$

Masse der original Probe (Einwaage):

$m_{(orig.Probe)} = V_{(orig.Probe)} \cdot \varsigma_{(orig.\,Probe)}$

Aluminiumgehalt in % :

$w_{Al} (\%) = m_{Al} \cdot 100\,\% / m_{(orig.Probe)}$

Beispiel:

080

Tiegel 1

m_1 = 29,818 g   Masse Tiegel leer
m_2 = 30,275 g   Masse Tiegel mit Niederschlag

$V_{(Probe)}$ - **20** ml
$V_{(Kolben)}$ - **100** ml

Berechnung des Verdünnungsfaktors:

$F = V_{Kolben} / V_{(verd.\ Probe)}$

$F = 100$ ml / **20** ml = **5**

Berechnung der Masse an Aluminium in der original Probe:

$m_{Al} = (m_2 - m_1) \cdot A_F \cdot F$

$m_{Al} = (30,275\ g - 29,818\ g) \cdot 0,0587 \cdot 5$

$m_{Al} = \mathbf{0,13}$ g

$V_{orig.Probe}$ - 1 ml
$\varsigma_{orig.Probe}$ - 1,45 g/ml *(aus dem Produkt-Datenblatt)*

Berechnung der Masse der original Probe:

$m_{orig.Probe} = V_{orig.Probe} \cdot \varsigma_{orig.Probe}$

$m_{orig.Probe} = 1$ ml $\cdot$ 1,45 g/ml

$m_{orig.Probe} = \mathbf{1,45}$ g

Berechnung des Aluminiumgehalts in %:

$w_{Al} = m_{Al} \cdot 100\ \% / m_{orig.Probe}$

$w_{Al} = 0,13\ g \cdot 100\ \% / 1,45\ g$

$w_{Al} = \mathbf{9,3\ \%}$ **(Ist-Wert)**

$w_{Al} = \mathbf{9,0\ \%}$ **(Soll-Wert)**

Für den zweiten Tiegel wird die gleiche Berechnung durchgeführt und der Mittelwert von beiden Proben berechnet. Für die weiteren Berechnungen wird der Mittelwert eingesetzt. Der Aluminiumgehalt wird mit der Soll-Konzentration vom Produktblatt verglichen und die Abweichung berechnet.

Ergebnis: Der Aluminiumgehalt wird in **%** mit einer Nachkommastelle angegeben.

2.21 Chlorid (Cl⁻)-Bestimmung *

081

Geräte:	Bürette - Erlenmeyerkolben 250 ml - Überlaufkolben 100 ml - Magnetrührer - Messkolben 500 ml

Proben: Wasserproben (Zulauf, Ablauf Vorklärung, Ablauf Tropfkörper, Filtrat)

Reagenzien:
- **Indikator-Lösung:** 2,5 g Kaliumchromat werden in 25 ml demin. Wasser gelöst.
- **Silbernitrat-Lösung $c(AgNO_3)$: 0,1 mol/l:** Titrisol wird nach Vorschrift in einen 1000 ml Messkolben gelöst und in einer braunen, beschrifteten Flasche aufbewahrt.
- **Silbernitrat-Lösung $c(AgNO_3)$: 0,02 mol/l:** 100 ml der Silbernitrat-Lösung $c(AgNO_3)$ - 0,1 mol/l werden in einem 500 ml Messkolben mit demin. Wasser verdünnt.
- **Natriumchlorid-Lösung:** 0,1 g Natriumchlorid werden in 100 ml demin. Wasser gelöst.

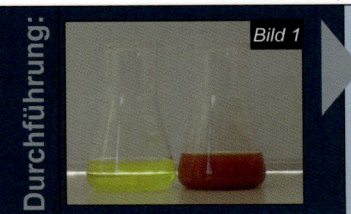

Durchführung:

Bild 1

- 100 ml Probe (pH-Wert 6,5-7,2) werden mit dem Überlaufkolben abgemessen und in einen Erlenmeyerkolben gegeben.
- Die Probe wird mit 1 ml Indikatorlösung versetzt und mit Silbernitratlösung $c(AgNO_3)$ = 0,02 mol/l bis zum Farbumschlag von **grün - gelb** nach schwach **rot braun** titriert.
- Die anschließende Zugabe eines Tropfens Natriumchlorid-Lösung muss den Farbumschlag wieder rückgängig machen.

Auswertung:

$$c_{Cl^-} \ (mg/l) = V \cdot c_{AgNO_3} \cdot A_F / V_{Probe}$$

$V \ (AgNO_3) = 12,4 \ ml$ - Verbrauch an $AgNO_3$
$c \ (AgNO_3) = 0,02 \ mol/l$ - Konzentration $AgNO_3$
$A_F = 35453 \ mg/mol$ - Analytischerfaktor
$V_{Probe} = 100 \ ml$ - Volumen der Probe

Beispiel:

$$c_{Cl^-} = \frac{12,4 \ ml \cdot 0,02 \ mol/l \cdot 35453 \ mg/mol}{100 \ ml} = 88 \ mg/l$$

Ergebnis: Chloridgehalt wird in *mg/l* ohne Nachkommastelle angegeben.

2.22 Eisen (Fe^{3+})-Bestimmung in Fällmitteln *

Geräte: Bechergläser 400 *ml* (niedere Form) - Bechergläser 1000 *ml* (niedere Form) - Heizplatte - abgerundete Glasstäbe - Messkolben 100 *ml* - Gummiwischer - Vollpipette 20 *ml* - Kolbenhubpipette - Faltenfilter (Schwarzbandfilter) - Porzellantiegel - Präzisionswaage - Trockenschrank (105 ± 2 °C) - Ofen - Exsikkator

082

Proben: Fällmittel Fe^{3+}- haltig, (Al^{3+} und PO$_4^{3-}$-Ionen stören bei der Bestimmung)

Reagenzien: Rauchende Salzsäure (37 %) - Wasserstoffperoxid-Lösung (30 %) - Ammoniak-Lösung (12 %)

Durchführung:

Bild 1

- 20 *ml* Probe (Mindestgehalt Fe^{3+} = 0,4 *g*/20 *ml*) in ein 400 *ml* Becherglas pipettieren.
- Mit 5 *ml* Salzsäure (37 %) die Probelösung ansäuern und mit 1 *ml* H$_2$O$_2$ versetzen.
- Becherglas mit einem Uhrglas bedecken und vorsichtig zum Sieden erhitzen, bis das überschüssige H$_2$O$_2$ vollständig verkocht ist (ca.15 *min*).
- Mit demin. Wasser auf ca. 150 *ml* verdünnen und erneut die Probe zum Sieden erhitzen.
- Probe von der Heizplatte nehmen, auf ca. 80 °C abkühlen lassen und unter Rühren (Glasstaab) portionsweise Ammoniak-Lösung (12 %) zugeben, bis die Lösung einen pH-Wert von 9 (pH-Indikatorpapier) aufweist.
  Es bildet sich ein rotbrauner Niederschlag (Eisenhydroxid).

- Probe mit Niederschlag wird nochmals aufgekocht.
- Nachdem sich der Niederschlag abgesetzt hat, (überstehende Lösung muss klar und farblos sein) (*Bild 1*) wird die Lösung dekantierend und über ein Schwarzbandfilter filtriert (*Bild 2*) (haftende Anteile des Niederschlags sind mit einem Gummi-Wischer von der Wand des Bechers zu lösen und in den Filter zu spülen).

- Der Rückstand wird 4 – 6 mal mit heißem demin. Wasser Chloridfrei gewaschen (Bild 3).
- Der Filter wird zusammengefaltet und in einem gewogenen Porzellantiegel im Trockenschrank ca.1 h lang getrocknet.
- Anschließend wird der Porzellantiegel bis zur Massenkonstanz bei 600 - 700 °C geglüht (ca. 2 h). Nach Abkühlung im Exsikkator erfolgt die Wägung (Bild 4).

Auswertung:

m_1 (g) - Masse Tiegel leer
m_2 (g) - Masse Tiegel voll
$m_2 - m_1$ (g) - Niederschlagsmasse
A_F (Fe^{3+}) - Analytischer Faktor

$$A_F (Fe^{3+}) = \frac{a \cdot M (Fe^{3+})}{M (Fe_2O_3)} = \frac{2 \cdot 55{,}847 \ g/mol}{159{,}691 \ g/mol} = 0{,}699$$

$a = 2$, da Fe^{3+} in der Verbindung Fe_2O_3 2 mal vorkommt

$F = V_{Kolben} / V_{(verd.\ Probe)}$ **Verdünnungsfaktor**

$F = 100 \ ml / 20 \ ml = 5$

Beispiel: *Berechnung der Auswaage (Fe_2O_3):*

m_1 - 24,154 g
m_2 - 24,751 g

$m (Fe_2O_3) = m_2 - m_1$
$m (Fe_2O_3) = 24{,}751 \ g - 24{,}154 \ g$
$m (Fe_2O_3) = 0{,}597 \ g$

Berechnung der Masse an Eisen in der Auswaage:

$m (Fe^{3+}) = A_F (Fe^{3+}) \cdot m (Fe_2O_3) \cdot F$
$m (Fe^{3+}) = 0{,}699 \cdot 0{,}597 \ g \cdot 5$
$m (Fe^{3+}) = 2{,}1 \ g$

Für den zweiten Tiegel wird die gleiche Berechnung durchgeführt und der Mittelwert von beiden Proben berechnet. Für die weiteren Berechnungen wird der Mittelwert eingesetzt. Der Eisengehalt wird mit Soll-Konzentration vom Produktblatt verglichen und die Abweichung berechnet.

Ergebnis: Der Eisengehalt wird in **g** oder **%** mit einer Nachkommastelle angegeben.

3.1 Organische Säuren (HAc$_{eq}$) im Schlamm

Geräte:	pH- Messgerät - Magnetrührer - Bürette bzw. Dosimat - Vollpipette 20 ml - Becherglas 250 ml - Messzylinder 100 ml - Dispensette
Proben:	Faulwasser vom Faulschlamm (Schwarzband) - Faltenfilter schnell filtrierend
Reagenzien:	Salzsäure (HCl) c = 0,1 mol/l (0,1 N) oder Schwefelsäure (H_2SO_4) **c** = 0,05 mol/l (0,1 N)

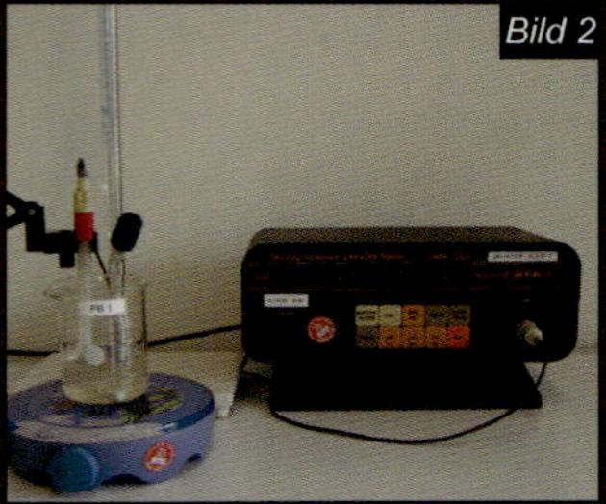

Durchführung:

- 20 ml der durch den Faltenfilter filtrierten Faulschlamm-Probe mit einer Vollpipette in ein 250 ml Becherglas pipettieren (Bild 1).
- Mittels Dispensette oder Messzylinder 80 ml demin. Wasser zufügen.
- Das Becherglas mit einem Rührstäbchen versehen, auf einen Magnetrührer stellen und Rührgeschwindigkeit einstellen. (Zu hohe Rührgeschwindigkeit beeinflusst den pH-Wert aufgrund der CO_2-Konzentrations-Veränderung in der Probe).
- Dosimat-Flasche bzw. Bürette mit der 0,1 mol/l Salzsäure füllen.
- pH-Messkette sowie die Dosierleitung des Dosimates hineinhängen.
- Probe mit 0,1 mol/l HCl-Lösung auf den pH-Wert 5,00 und weiter auf den pH-Wert 4,00 (bzw. 4,4 nach Nordmann) langsam titrieren. Säureverbrauch notieren (Bild2).
- Aus dem Säure-Verbrauch kann die Konzentration der organischen Säuren (HAc$_{eq}$)* und die Säurekapazität (Ks$_{pH4,3}$) ermittelt werden.

Bild 1

Bild 2

Titrationskurve Faulbehälter *(Bild 3)*

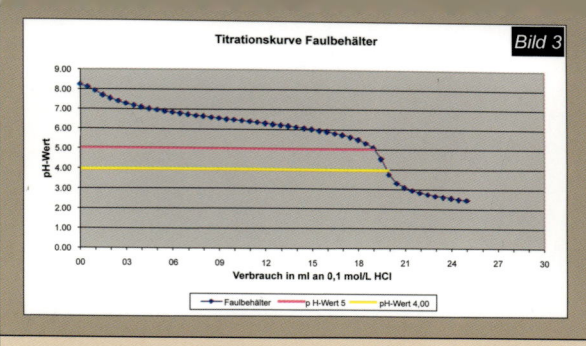

- Die Äquivalenzpunkte der Titration (pH-Wert 5 und pH-Wert 4) können auch aus einer Titrationskurve ermittelt werden.
- Um eine Titrationskurve aufzunehmen wird portionsweise (z.B. V_{HCl} - 0,2 ml) HCl zudosiert und der pH-Wert für jede Zudosierung notiert.
- Eine Auswertung wird auf dem Millimeterpapier oder mittels EDV vorgenommen. *(Bild 3)*.
- $V_{pH\ 5,00}$ - Verbrauch an Säure bei pH 5,00 in *ml*
- $V_{pH\ 4,00}$ - Verbrauch an Säure bei pH 4,00 in *ml*

Auswertung: HAc_{eq} (mg/l) = (599 · $V_{pH\ 4,00}$) − (619 · $V_{pH\ 5,00}$) − 10   (nach Prof. Kapp)

$Ks_{pH4,3}$ (mmol/l) = (8,12 · $V_{pH\ 5,00}$) − (2,94 · $V_{pH\ 4,00}$) + 0,06

Die Faulung ist nicht gestört, wenn die organischen Säuren im Faulwasser unter **500 mg/l** liegen. Werden höhere Säuregehalte festgestellt, sind diese zunächst mit den Werten beim Normalbetrieb zu vergleichen.
Kennzeichen einer Stabilen Faulung ist weniger die absolute Höhe der organischen Säuren, als eine geringe Schwankungsbreite der über einen längeren Zeitraum gemessenen Werte. Deshalb ist eine Titration bis zu einem pH-Wert von 4,4 möglich. Vergleichbar sind aber jeweils nur die Werte, die auf den gleichen pH-Wert titriert wurden.

Beispiel: *Faulwasserprobe:*

V (Probe) = 20 *ml*
$V_{pH\ 5,00}$ = 18,85 *ml*
c (HCl) = 0,1 *mol/l*
$V_{pH\ 4,00}$ = 19,82 *ml*

HAc_{eq} = 599 · 19,82 − 619 · 18,85 − 10 = 194 *mg/l* = **190** *mg/l*

$Ks_{pH4,3}$ (mmol/l) = 8,12 · 18,85 − 2,94 · 19,82 + 0,06 = 94,9 *mmol/l*

Ergebnis: Äquivalente der organischen Säuren (HAc_{eq}) werden in *mg/l* angegeben auf 10 *mg/l* gerundet. Säurekapazität wird in *mmol/l* angegeben und auf eine Nachkommastelle gerundet.

3.2 Schlammvolumenanteil des Belebtschlammes (SV)

Geräte:	Messzylinder Nennvolumen, 1000 ml (aus Glas; Ø 60-70 mm) - Behälter Nennvolumen 5 l
Proben:	Belebtschlamm
Reagenzien:	Ablaufwasser zur Verdünnung der Probe

Durchführung:

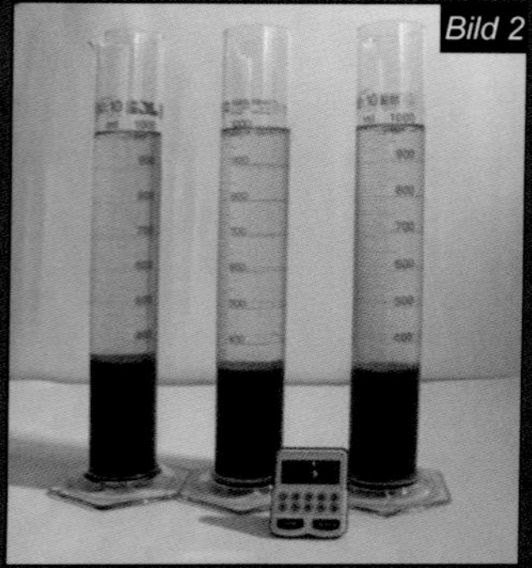

- Belebtschlamm aus dem Belebungsbecken entnehmen und direkt in einen 1000 ml Messzylinder bis zur Marke einfüllen.

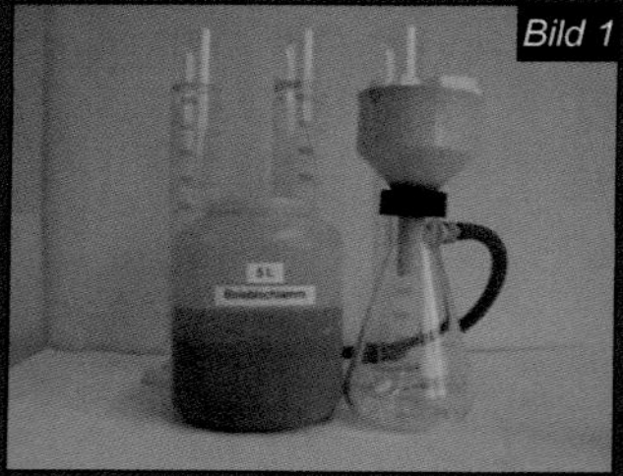

- Den Messzylinder 30 Minuten erschütterungsfrei stehen lassen und danach das Schlammvolumen in Höhe des Schlammspiegels ablesen (Grenzfläche Schlamm-Wasser) und notieren.

- Bei einem Schlammvolumen größer als 250 ml/l, muss eine Verdünnung der Belebtschlamm-Probe erfolgen (Bild 1).

- Hierzu wird 1 / Belebtschlamm mit Ablaufwasser nach Bedarf im Verhältnis von 1:2 oder 1:3 im 5 / Behälter verdünnt. Anschließend das verdünnte Volumen in die Messzylinder vollständig verteilen. Die Messwerte des Schlammvolumens von den einzelnen Zylindern sollen zwischen 200 - 250 ml/l liegen.

- Der Schlammvolumenanteil (SV in ml/l)* ist die Summe der abgelesenen Volumina jedes Messzylinders (Bild 2).

- **Schwimmschlammvolumen** ist als Summe der abgelesenen Volumina jedes Messzylinders (bei 1.000-ml-Marke) separat anzugeben.

- Temperaturunterschiede zwischen der Probe und der Umgebung führen zu Störungen infolge der Konvektion und Bildung von Gasblasen.

Bild 1

Bild 2

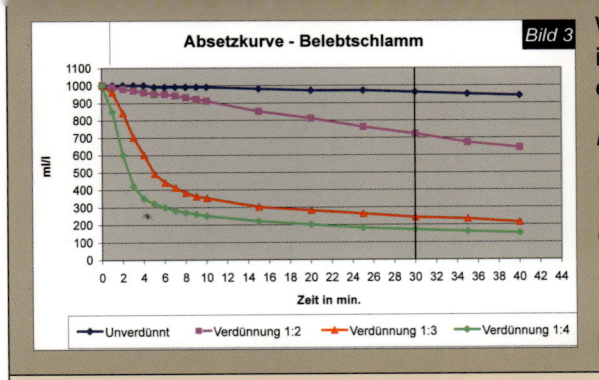

Bild 3 – Absetzkurve - Belebtschlamm (Unverdünnt, Verdünnung 1:2, Verdünnung 1:3, Verdünnung 1:4)

Wenn die Verdünnung des Belebtschlammes (VS > 250 *ml/l*) in einem Messzylinder erfolgt und somit keine Summe von den einzelnen Absetzvoluminas gebildet werden kann, gilt:

Belebtschlamm - Volumen der *Probe* - V_{Probe} - 0,5 *l*

Verdünnungswasser - Volumen *Ablauf* - $V_{Abl.}$ - 0,5 *l*

Gesamtvolumen - *Belebtschl.+ Abl.* - V_{ges} - 1 *l*

Verdünnungsfaktor (F) $F = V_{ges.} / V_{Probe}$

Das Ergebnis wird mit dem Verdünnungsfaktor **2** multipliziert.

Auswertung: Bei voluminösem Schlamm, kann infolge des erforderliches Verdünnungsschrittes ein Schlammvolumenanteil > 1000 *ml/l* ermittelt werden.

Beispiel: Bei den Verdünnten-Proben (Verdünnungsfaktor 3) soll die Absetzprobe wegen höherer Genauigkeit in 3 Messzylindern, anstatt in einem erfolgen *(vergleiche – Ansatz 1 und 2)*.

Ansatz 1: Belebtschlamm: $V_{BS} = 1\ l$
Abwasser: $V_{Abl.} = 2\ l$

$V_{ges} = V_{BS} + V_{Abl.} = 3\ l$ *Messzylinder - 3 St.*

$V_1 = 230$ *ml/l*, $V_3 = 240$ *ml/l*,
$V_2 = 250$ *ml/l*,

Schlammvolumen (SV) in ml/l
$SV = V_1 + V_2 + V_3 = 230+250+240 = 720$ *ml/l*

Ansatz 2: Belebtschlamm: $V_{BS} = 330$ *ml*,
Abwasser: $V_{Abl.} = 670$ *ml*,

$V_{ges} = V_{BS} + V_{Abl.} = 1\ l$ *Messzylinder – 1 St.*

Verdünnungsfaktor: $F = V_{ges} / V_{BS} = 1000\ ml / 330\ ml = 3$

für $V_1 = 230$ *ml/l* ergibt sich $SV = 3 \cdot 230 = 690$ *ml/l*
oder
für $V_2 = 250$ *ml/l* ergibt sich $SV = 3 \cdot 250 = 750$ *ml/l*

Ergebnis: Das Ergebnis wird in *ml/l* angegeben. (Werte werden auf **10** *ml/l* gerundet)

3.3 Trockensubstanz des Belebtschlammes (TS)

Geräte:	Messzylinder, Nennvolumen 1000 ml - Filternutsche, Ø 13 cm - Wasserstrahlpumpe - Saugflasche, Nennvolumen 1 Liter - Trockenschrank - Analysenwaage - Exsikkator - Uhrglas, Ø 13 cm - Rundfilter mit hohem Rand, Ø 13 cm, aschefrei, schnell filtrierend (Schwarzband)
Proben:	Belebtschlamm
Reagenzien:	demineralisiertes Wasser

Durchführung:

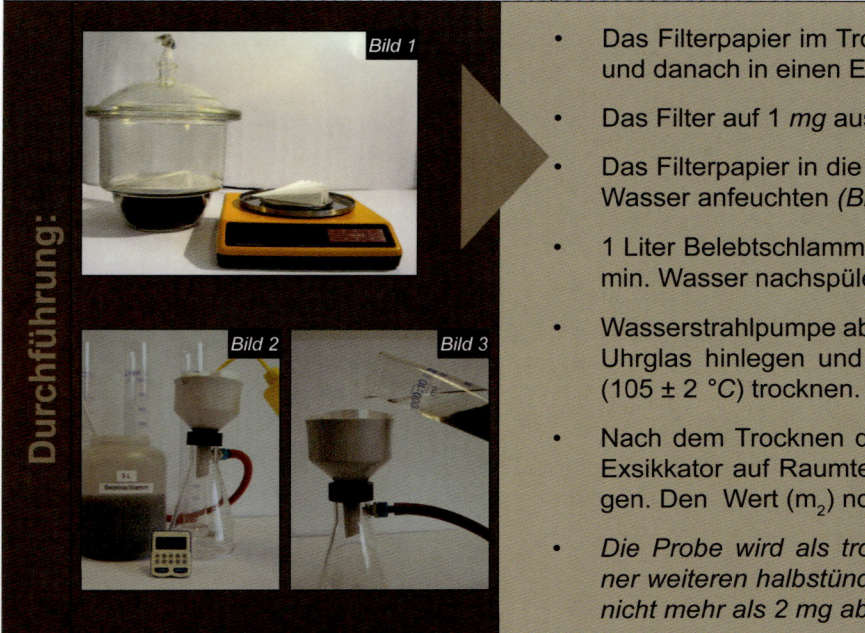

- Das Filterpapier im Trockenschrank (105 ± 2 °C) für ca.1 h trocknen und danach in einen Exsikkator zum Abkühlen legen.

- Das Filter auf 1 mg auswiegen und die Masse (m_1) notieren (Bild 1).

- Das Filterpapier in die Nutsche einlegen und mit etwa 100 ml demin. Wasser anfeuchten (Bild 2) und Wasserstrahlpumpe einschalten.

- 1 Liter Belebtschlamm abmessen und filtrieren. Messzylinder mit demin. Wasser nachspülen und Alles zusammen abfiltrieren (Bild 3).

- Wasserstrahlpumpe abschalten. Mit Schlamm beladene Filter auf das Uhrglas hinlegen und bis zur Massenkonstanz im Trockenschrank (105 ± 2 °C) trocknen.

- Nach dem Trocknen die mit der Trockenmasse beladenen Filter im Exsikkator auf Raumtemperatur abkühlen lassen und auf 1 mg wiegen. Den Wert (m_2) notieren.

- Die Probe wird als trocken angesehen, wenn ihre Masse nach einer weiteren halbstündigen Trocknung von dem vorhergehenden um nicht mehr als 2 mg abweicht.

Bild 1

Bild 2

Bild 3

Auswertung:

- TS_{BS} — Trockensubstanz des Belebtschlammes in *g/l**
- m_1 — Masse Filter leer *(g)*
- m_2 — Masse Filter mit Trockenmasse *(g)*
- V_{Probe} — Volumen der Belebtschammprobe *(ml)*
- 1000 — Umrechnungsfaktor auf 1 Liter *(ml/l)*

$$TS_{BS}\,(g/l) = \frac{(m_2\,(g) - m_1\,(g)) \cdot 1000\,(ml/l)}{V_{Probe}\,(ml)}$$

Beispiel:

1. **1 l Belebtschlamm in einem Messzylinder à 1 l** *(keine Verdünnung)*

   Probevolumen = 1 l

   $m_1 = 2{,}75\ g;$
   $m_2 = 7{,}08\ g;$

   $$TS_{BS} = \frac{(7{,}08\ g - 2{,}75\ g) \cdot 1000\ ml/l}{1000\ ml} = 4{,}3\ g/l$$

2. **250 ml Belebtschlamm in einem Messzylinder à 1 l** *(Verdünnungsfaktor 4)*

   Probevolumen = 250 ml

   $m_1 = 2{,}75\ g;$
   $m_2 = 3{,}83\ g;$

   $$TS_{BS} = \frac{(3{,}83\ g - 2{,}75\ g) \cdot 1000\ ml/l}{250\ ml} = 4{,}3\ g/l$$

Ergebnis: Das Ergebnis wird in *g/l* angegeben. Werte werden auf **0,1 g/l** gerundet.

3.4 Schlammindex (ISV)

Daten: Schlammvolumenanteil des Belebtschlammes *(Kap. 3.2)*
Trockensubstanz des Belebtschlammes *(Kap. 3.3)*

090

Belebtschlammindex — *Bild 1*

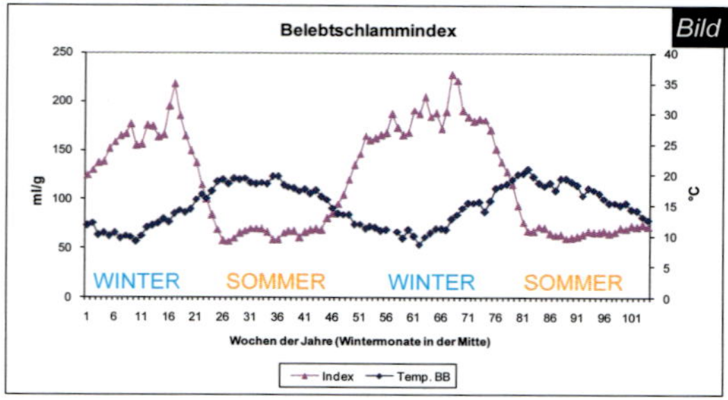

Schlammindex (ISV)* wird rechnerisch ermittelt und ergibt sich als Quotient des Schlammvolumenanteils (SV) und des Trockensubstanzgehaltes des Belebtschlammes (TS_{BS}).

$$ISV \; (ml/g) = \frac{SV_{BS} \; (ml/l)}{TS_{BS} \; (g/l)}$$

Auswertung: Der Schlammindex gibt das Volumen an, das 1 *g* Trockensubstanz nach 30 Minuten Absetzzeit einnimmt und beschreibt damit die Absetzeigenschaften des Belebtschlammes. Der Schlammindex kann jahreszeitlichen Schwankungen unterliegen *(Bild 1)*.
Bei einem Schlammindex (ISV) >150 *ml/g* und beim Vorliegen von fadenförmigen Mikroorganismen spricht man von **Blähschlamm.**

Beispiel: Schlammvolumenanteil (SV) $SV = V_1 + V_2 + V_3 + V_4$ = 230+250+230+240 = **950** *ml/l*
Trockensubstanzgehalt (TS)   **TS = 4,3** *g/l*

$$ISV \; (ml/g) = \frac{SV_{BS} \; (ml/l)}{TS_{BS} \; (g/l)} = \frac{950 \; ml/l}{4,3 \; g/l} = \mathbf{221} \; ml/g$$

Ergebnis: Das Ergebnis wird in *ml/g* ohne Nachkommastelle angegeben.

3.5 Glühverlust des Belebtschlammes (GV)

091

Geräte:	Analysenwaage - Porzelantiegel, Durchmesser 50 – 70 *mm* - Glühofen - Exsikkator mit Trocknungsmittel - Zange (Pinzette)
Proben: Belebtschlamm	**Reagenzien:** Ammoniumnitratlösung: 10 *g* NH_4NO_3 in 100 *ml* demin. Wasser lösen

Durchführung:

- Porzellantiegel bei 550 °C 20 Minuten im Glühofen glühen und - nach dem Erkalten im Exsikkator auf Raumtemperatur - auf 1 *mg* wiegen *(m_1)*

- Trockensubstanz nach 3.3 bestimmen.

- Die Trockenmasse vom Filter ablösen in ein Tiegel geben, auf 1 *mg* genau wiegen *(m_2)* und anschließend 60 Minuten bei 550 °C glühen *(Bild 1, 2)*.

- Die getrocknete Probe kann auch mit Filter verglüht werden. Gewicht vom Filter bleibt unberücksichtigt (Filter verglühen rückstandslos). Temperatur langsam erhöhen um die Verluste durch Verpuffung zu vermeiden.

- Den heißen Tiegel mit Inhalt im Exsikkator erkalten lassen.

- Sind noch schwarze Bestandteile zu erkennen (manche organische Teile verbrennen bei 550 °C langsam), diese mit Ammoniumnitrat-Lösung befeuchten.

- Nach erneutem Trocknen den Rückstand langsam zum Glühen erhitzen. Nach Erkalten im Exsikkator (auf Raumtemperatur) Tiegel mit Inhalt auf 1 *mg* wiegen *(m_3)* *(Bild 3)*.

- Stabilität der Masse liegt dann vor, wenn die Masse nach der zweiten Wiegung von der ersten Wiegung um nicht mehr als 2 *mg* abweicht.

Bild 1

Bild 2

Bild 3

Auswertung:

TS - Trockensubstanz des Belebtschlammes in *g/l*

m_1 - Masse Tiegel leer *(g)*

m_2 - Masse Tiegel mit Trockenmasse *(g)* $m_2 - m_1$ = **Einwaage TM** *(g)*

m_3 - Masse Tiegel mit Asche *(g)* $m_3 - m_1$ = **Masse Asche** *(g)*

---

mTS - **mineralische Trockensubstanz** *(g/l)*

$$mTS\ (g/l)\ =\ \frac{(m_3\ (g) - m_1\ (g)) \cdot TS\ (g/l)}{(m_2\ (g) - m_1\ (g))}$$

oTS - **organische Trockensubstanz** *(g/l)*

$$oTS\ (g/l)\ =\ TS\ (g/l) - mTS\ (g/l)$$

GV - **Glühverlust** *(%)*

$$GV\ (\%)\ =\ \frac{oTS\ (g/l) \cdot 100\ \%}{TS\ (g/l)}$$

GR - **Glührückstand** *(%)**

$$GR\ (\%) = 100\ \% - GV\ (\%) \quad oder$$

$$GR\ (\%)\ =\ \frac{mTS\ (g/l) \cdot 100\ \%}{TS\ (g/l)}$$

Beispiel:

1. **Von der Trockenmasse (TM) werden für die GV-Bestimmung 2 g abgewogen.**

TS_{BS} = 4,3 g/l bzw. 2 g *Einwage (Bild1)*

m_1 = 102,56 g   Masse Tiegel leer
m_2 = 104,56 g   Masse Tiegel mit TM

Nach dem Glühen:

m_3 = 103,11 g   Masse Tiegel mit Asche

mTS - mineralische Trockensubstanz *(g/l)*

$$mTS = \frac{(103,11\ g - 102,56\ g) \cdot 4,3\ g/l}{(104,56\ g - 102,56\ g)} = 1,18\ g/l = 1,2\ g/l$$

oTS - organische Trockensubstanz *(g/l)*

oTS = 4,3 g/l – 1,2 g/l = **3,1** g/l

$$GV = \frac{3,1\ g/l \cdot 100\ \%}{4,3\ g/l} = 73\ \%$$

GR = 100 % – **73 %** = **27 %**

---

2. **Die gesamte TM von 1 l Schlamm wird für die GV-Bestimmung verwendet.**

TS_{BS} = 4,3 g/l

m_1 = 102,56 g   Masse Tiegel leer

(Trockenmasse mit Filter in den Tiegel geben ohne das Gewicht zu notieren)

Nach dem Glühen:

m_3 = 103,74 g   Masse Tiegel mit Asche

mTS - mineralische Trockensubstanz *(g/l)*

mTS = (103,74 g – 102,56 g) = **1,18** g/l = **1,2** g/l

oTS - organische Trockensubstanz *(g/l)*

oTS = 4,3 g/l – 1,2 g/l = **3,1** g/l

$$GV = \frac{3,1\ g/l \cdot 100\ \%}{4,3\ g/l} = 73\ \%$$

GR = 100 % – **73 %** = **27 %**

Ergebnis: Das Ergebnis wird in **%** ohne Nachkommastelle angegeben.

3.6 Trockenrückstand eines Schlammes (TR)

Geräte: Porzellantiegel - Präzisionswaage - Trockenschrank (105 °C ± 2 °C) - Exsikkator mit Trocknungsmittel - Spatel

Proben: Primärschlamm, Faulschlamm, Ausgang Vor- bzw. Entwässerung

Durchführung:

- Porzellantiegel bei 105 °C 20 Minuten im Trockenschrank trocknen (bzw. bei 550 °C 20 Minuten im Glühofen glühen, wenn der gleiche Tiegel anschließend für die Glühverlust-Bestimmung verwendet werden soll) (Bild 1).
- Porzellantiegel und - nach dem Erkalten im Exsikkator auf Raumtemperatur - auf 1 mg wiegen (m_1).
- Durch Schwenken oder Umrühren, die Probe homogenisieren.
- Probe in den Tiegel einwiegen, das Gewicht notieren (m_2) (Bild 2).
- Tiegel mit Schlamm bis zu Massekonstanz im Trockenschrank trocknen lassen.
- Nach dem Trocknen Tiegel mit der Trockenmasse im Exsikkator auf Raumtemperatur abkühlen lassen und auf 1 mg wiegen, den Wert (m_3) notieren (Bild 3).
- Die Probe wird als trocken angesehen, wenn ihre Masse nach einer weiteren halbstündigen Trocknung von der vorhergehenden um nicht mehr als 2 mg abweicht.

Bild 1

Bild 2

Bild 3

Auswertung: Trockenrückstand des Schlammes (%)*

- m_1 - Masse Tiegel leer *(g)*
- m_2 - Masse Tiegel mit Schlammprobe *(g)*
- $m_2 - m_1$ - Schlammeinwaage *(g)*
- m_3 - Masse Tiegel mit Trockenmasse (nach dem Trocknen) *(g)*
- $m_3 - m_1$ - Trockenmasse (TM) von der Schlammeinwaage *(g)*

$$TR\,(\%) = \frac{(m_3\,(g) - m_1\,(g)) \cdot 100\,\%}{(m_2\,(g) - m_1\,(g))}$$

bei 100 g Schlamm-Einwaage $TR\,(\%) = m_3\,(g) - m_1\,(g)$

Beispiel: **Einwaage 100 g Schlamm** (z.B. Primärschlamm)

m_1 = 135,14 g
m_2 = 235,14 g   **Schlammeinwaage:** 235,14 g – 135,14 g = **100 g**
m_3 = 138,93 g

TR = 138,93 g – 135,14 g = **3,8** %

Einwaage 20 g Schlamm (z.B. Ausgang Entwässerung)

m_1 = 91,12 g
m_2 = 111,12 g   **Schlammeinwaage:** 111,12 g – 91,12 g = 20 g
m_3 = 97,14 g

$$TR = \frac{(97,14\,g - 91,12\,g) \cdot 100\,\%}{(111,12\,g - 91,12\,g)} = 30,1\,\%$$

Ergebnis: Das Ergebnis wird in **%** angegeben. Werte werden auf **0,1 %** gerundet.

3.7 Glühverlust eines Schlammes (GV)

Geräte:	Präzisionswaage - Porzelantiegel, Durchmesser 50 – 70 mm – Glühofen (550 ± 25 °C) - Zange - Exsikkator mit Trocknungsmittel (Silicagel)
Probern:	Klärschlämme, Sandfanggut
Reagenzien:	Ammoniumnitratlösung: 10 g NH_4NO_3 in 100 ml demin. Wasser lösen

Durchführung:

- Porzelantiegel bei 550 °C 20 Minuten im Glühofen glühen (nur wenn neue Tiegel verwendet werden) und - nach dem Erkalten im Exsikkator auf Raumtemperatur - auf 1 mg wiegen (m_1).
- Trockenrückstand nach 3.6 bestimmen.
- Einwaage von der Trockenmasse in den ausgeglühten Tiegel geben auf 1 mg genau wiegen (m_2) und anschließend 60 Minuten bei 550 °C im Muffelofen glühen (Bild 1).
- Den heißen Tiegel mit Inhalt im Exsikkator erkalten lassen.
- Sind noch schwarze Bestandteile zu erkennen (manche organische Teile verbrennen bei 550 °C langsam), diese mit Ammoniumnitrat-Lösung befeuchten.
- Nach erneutem Trocknen im Trockenschrank den Rückstand langsam (um Verluste durch Verpuffen zu vermeiden) zum Glühen erhitzen. Nach Erkalten im Exsikkator (auf Raumtemperatur) Tiegel mit Inhalt auf 1 mg wiegen (m_3) (Bild 2).
- Stabilität der Masse liegt dann vor, wenn die Masse nach der zweiten Wiegung von der ersten Wiegung um nicht mehr als 2 mg abweicht.

Bild 1

Bild 2

Auswertung:

Während des Glühens wird das zweiwertige Eisen zu dreiwertigem oxidiert, dabei kann eine Massenzunahme und folglich eine Verringerung des GV auftreten. Bei Schlämmen die mit Kalk vorbehandelt wurden, kann die Verfälschung des GV auch auftreten.

- TR — Trockenrückstand des Schlammes (%) (Kap. **3.6**)
- m_1 — Masse Tiegel leer *(g)*
- m_2 — Masse Tiegel mit Trockenmasse *(g)*
- $m_2 - m_1$ — Einwaage **TM** *(g)*   **TM** - Trockenmasse (Schlamm nach dem Trocknen)
- m_3 — Masse Tiegel mit Asche *(g)*
- $m_3 - m_1$ — Masse **Asche** *(g)*
- $m_2 - m_3$ — Masse **Verlust** *(g)*

GV - Glühverlust (%)

$$GV\,(\%) = \frac{\text{Masse Verlust (g)} \cdot 100\,\%}{\text{Einwaage TM (g)}}$$

$$GV\,(\%) = \frac{(m_2\,(g) - m_3\,(g)) \cdot 100\,\%}{(m_2\,(g) - m_1\,(g))}$$

$$oTR\,(g/kg\ Schl.) = \frac{(m_2\,(g) - m_3\,(g)) \cdot TR\,(\%) \cdot 10\,g/\%kg}{(m_2\,(g) - m_1\,(g))}$$

GR - Glührückstand (%)

$$GR\,(\%) = \frac{\text{Masse Asche (g)} \cdot 100\,\%}{\text{Einwaage TM (g)}}$$

$$GR\,(\%) = \frac{(m_3\,(g) - m_1\,(g)) \cdot 100\,\%}{(m_2\,(g) - m_1\,(g))}$$

oder:
$$GR\,(\%) = 100\,(\%) - GV\,(\%)$$

$$mTR\,(g/kg\ Schl.) = \frac{(m_3\,(g) - m_1\,(g)) \cdot TR\,(\%) \cdot 10\,g/\%kg}{(m_2\,(g) - m_1\,(g))}$$

Beispiel: **Einwaage für TR-Bestimmung – 100,0 g z.B. vom Primärschlamm (PS)**

Nach der TR-Bestimmung (TR - 2,8 %) folgt in dem gleichen Tiegel die GV-Bestimmung. Somit beträgt TM-Einwaage für GV-Bestimmung 2,8 g.

2,8 g TM		Wasser - 97,2 g
mTR - 0,4 g	oTR - 2,4 g	

m_1 = 112,03 g Masse Tiegel leer
m_2 = 114,83 g Masse Tiegel mit TM (nach TR-Bestimmung)

Nach dem Glühen:

m_3 = 112,43 g Masse Tiegel mit Asche

$$GV = \frac{(114,83\ g - 112,43\ g) \cdot 100\ \%}{114,83\ g - 112,03\ g} = 86\ \%$$

$$GR\ (\%) = 100\ \% - GV\ (\%) = 100\ \% - 86\ \% = 14\ \%$$

oder:

$$GR = \frac{(112,43\ g - 112,03\ g) \cdot 100\ \%}{114,83\ g - 112,03\ g} = 14\ \%$$

Belibige Schlammeinwaage für TR-Bestimmung z.B. 71,71 g PS

m_1 = 68,97 g   Masse Tiegel leer
m_2 = 70,97 g   Masse Tiegel mit TM

Nach dem Glühen:

m_3 = 69,25 g   Masse Tiegel mit Asche

$m_2\ (g) - m_1\ (g)$ Einwaage **TM** (g)
$m_2\ (g) - m_3\ (g)$ Masse **Verlust** (g)

$$GV = \frac{(70,97\ g - 69,25\ g) \cdot 100\ \%}{70,97\ g - 68,97\ g} = 86\ \%$$

GR = 100 % − 86 % = 14 %
oder:
$m_3\ (g) - m_1\ (g)$ Masse **Asche** (g)

$$GR = \frac{(69,25\ g - 68,97\ g) \cdot 100\ \%}{70,97\ g - 68,97\ g} = 14\ \%$$

Für die Berechnung des GV bzw.GR wird nur die TM-Einwaage notiert. Die Schlamm-Einwaage von der TR-Bestimmung und der TR-Wert sind irrelevant, wenn oTR und mTR nicht ermittelt werden.

Falls die Angaben des **oTR** oder **mTR** in *kg/kg Schlamm bzw. in kg/m³ Schlamm* benötigt werden, wird außer der TM-Einwaage auch der TR des Schlammes für die weiteren Berechnungen einbezogen.

TR – Primärschlamm (PS) - 2,8 %; **Einwaage von der TM** - 2,00 g

2,0 g TM		Wasser - 69,7 g
mTR - 0,28 g	oTR - 1,72 g	

m_1 = 68,97 g   Masse Tiegel leer
m_2 = 70,97 g   Masse Tiegel mit TM
$m_2(g) - m_1(g)$ Einwaage von der TM

Nach dem Glühen:

m_3 = 69,25 g   Masse Tiegel mit Asche
$m_2(g) - m_3(g)$ **oTR** (g/2 g TM)   Masse **Verlust**
$m_3(g) - m_1(g)$ **mTR** (g/2g TM)   Masse **Asche**

$$oTR = \frac{(m_2(g) - m_3(g)) \cdot TR\,(\%) \cdot 10\,g/\%kg}{m_2(g) - m_1(g)} = \frac{(70,97\,g - 69,25\,g) \cdot 2,8\,\% \cdot 10\,g/\%kg}{(70,97\,g - 68,97\,g)} = 24\;g/kg\;Schlamm$$

oTR = **24** *kg/m³ Schlamm* (bei Schlammdichte 1 *kg/l*)

$$mTR = \frac{(m_3(g) - m_1(g)) \cdot TR\,(\%) \cdot 10\,g/\%kg}{m_2(g) - m_1(g)} = \frac{(69,25\,g - 68,97\,g) \cdot 2,8\,\% \cdot 10\,g/\%kg}{(70,97\,g - 68,97\,g)} = 4\;g/kg\;Schlamm$$

mTR = **4** *kg/m³* Schlamm (bei Schlammdichte 1 *kg/l*)

*Die Umrechnung von kg Schlamm auf l Schlamm kann nur dann erfolgen, wenn die Dichte des Schlammes als 1kg/l (Dichte Wasser) angenommen werden kann (nur bei dünnen Schlämmen möglich). Ansonsten werden die **oTR**- bzw. **mTR**-Werte pro kg Schlamm angegeben.*

Ergebnis: Der GV (GR) wird in **%** ohne Nachkommastelle angegeben,
oTR (mTR) wird in ***g/kg Schlamm*** oder in ***kg/m³Schlamm*** ohne Nachkommastelle angegeben.

*Begriffe

100

Begriff	Einheit	Erläuterung
Qualifizierte Stichprobe	QSP —	Die u.a. zur amtlichen Überwachung eingesetzt wird. Dabei werden mindestens 5 Schöpfproben, im Abstand von nicht weniger als 2 Minuten und über eine Zeitspanne von höchstens 2 Stunden gezogen und zu einer Mischprobe vereint.
Molare Masse	M %	Molare Masse **M** eines Elements oder einer Verbindung. Entspricht der relativen Atom- oder Molekülmasse. Wird in *g/mol* angegeben.
Stoffmenge	n *mol*	Die Stoffmenge **n** eines Stoffes ist der Quotient aus einer Masse **m** und der molaren Masse **M** dieses Stoffes.
Stoffmengen-konzentration	c *mol/l*	Die Stoffmengenkonzentration **c** eines Stoffs in einer Lösung ist der Quotient aus einer Stoffmenge **n** des gelösten Stoffes und dem Volumen der Lösung **V.**
pH-Wert	pH	Der pH-Wert ist der negative Logarithmus des Zahlenwertes der molaren Wasserstoff- Ionenkonzentration (c_H+).
Leitfähigkeit	K *mS/cm*	Kann als ein Maß für die Konzentration ionisierbarer gelöster Stoffe in einer Probe verwendet werden.

Absetzbare Stoffe	**Abs. Stoffe** *ml/l*	Das Volumenbezogene Volumen an ungelösten Stoffen, die in einer Wasserprobe enthalten sind. Das Absetzen der Stoffe wird unter bestimmten Bedingungen im Imhofftrichter durchgeführt.
Abfiltrierbare Stoffe	**AS** *mg/l*	Die Volumenbezogene Masse der im Wasser enthaltenen ungelösten Stoffe, die unter bestimmten Bedingungen abfiltriert und im Anschluss an ein festgelegtes Trocknungsverfahren ausgewogen werden.
Sauerstoff gelöst	O_2 **gel.** *mg/l*	„Gelöster Sauerstoff" gibt die Menge des gasförmigen, in Wasser physikalisch gelösten Sauerstoffs in *mg/l* an.
Härte	**H** *°d*	Härte eines Wassers bezeichnet man als Summe der als Carbonate, Chloride, Sulfate, Nitrate und Phosphate gebundenen Erdalkalien (Magnesium-, Calcium-Ionen).
Dichte	ς *g/cm³*	Quotient aus der Masse zum Volumen einer Lösung oder eines Schlammes.
Säurekapazität	$Ks_{pH4,3}$ *mmol/l*	Säurekapazität ist der Verbrauch in ml an 0,1 *mol/l* Salzsäure für 100 *ml* Wasserprobe (bei der Temperatur zum Zeitpunkt der Titration). Die $Ks_{pH4,3}$ eines Wassers ist ein Maß für seine Fähigkeit, organische und anorganische Säuren zu binden, bzw. sie abzupuffern.
Total organic carbon	**TOC** *mg/l*	Gesamter organisch gebundener Kohlenstoff (TOC) wird in *mg/l* Kohlenstoff ausgewertet.
Kaliumpermanganat-Verbrauch	$KMnO_4$**-V** *mg/l*	Als „$KMnO_4$-Verbrauch" wird die Sauerstoffmenge in *mg* bezeichnet, die pro Liter Abwasser bei chemischer Oxidation der organischen Inhaltsstoffe bei einer Temperatur ca. 100 °C (Reaktionszeit – 10 *min*) benötigt wird.

Begriff	Einheit	Erläuterung
Chemischer Sauerstoffbedarf	CSB mg/l	Der CSB ist ein Summenparameter, der die Masse an Sauerstoff in *mg* angibt, die erforderlich ist, um die Bestandteile des Abwassers mit Sauerstoff vollständig bei der Temperatur 145 °C (Reaktionszeit – 2 *h*) zu oxidieren.
Biochemischer Sauerstoffbedarf	BSB_5 mg/l	Als „Biochemischer Sauerstoffbedarf" wird die Sauerstoffmenge in *mg* bezeichnet, die pro Liter Abwasser bei biochemischer Oxidation der organischen Inhaltsstoffe (Reaktionszeit – 5 *Tage*) benötigt wird.
BSB_5 – nach der Verdünnungs- methode	Verdün.- BSB mg/l	Die Methode erfasst die Sauerstoffkonzentration zu Beginn und am Ende der Messung. Differenz beider Messwerte ist der BSB_5 – nach der Verdünnungsmethode (Reaktionszeit – 5 *Tage*).
Gesamtstickstoff nach der Oxidation	TN_b mg/l	Summe aller chemischen Stickstoff-Verbindungen einschließlich komplexer, kolloidaler oder ungelöster Anteile nach der Oxidationsmethode (zum Nitrat-Stickstoff).
Nitrat-Stickstoff	NO_3^--N mg/l	Stickstoff der als Nitrat-Verbindung (NO_3^-) vorliegt.
Nitrit-Stickstoff	NO_2^--N mg/l	Stickstoff der als Nitrit-Verbindung (NO_2^-) vorliegt.
Ammonium- Stickstoff	NH_4^+-N mg/l	Stickstoff der als Ammoniak (NH_3) oder Ammonium-Ion (NH_4^+) vorliegt.

Bezeichnung	Symbol	Beschreibung
Organisch gebundener Stickstoff	N_{org} mg/l	Dieser Wert ergibt sich aus dem Gesamtstickstoffgehalt abzüglich der NH_4^+-N, NO_2^--N und NO_3^--N Konzentrationen.
Phosphat-Phosphor	PO_4^{3-}-P mg/l	Phosphor der als ortho-Phosphat-Ion (PO_4^{3-}) vorliegt.
Organische Säuren	HAc_{eq} mmol/l	Unter organischen Säuren versteht man die niederen wasserdampf-flüchtigen Monocarbonsäuren (Essigsäure, Propionsäure, Buttersäure). Sie werden als Essigsäure Äquivalente ausgewertet.
Schlammvolumenanteil des Belebtschlammes	SV ml/l	Volumen an absetzbarem Schlamm das in einem 1 l Standzylinder nach 30 Minuten ermittelt wurde.
Trockensubstanz	TS g/l	Trockenmasse in g eines Schlammes (Belebt- oder Rückführschlamm), die nach dem Filtrieren (1 l Volumen) und Trocknen bei 105 ± 2 °C (bis Massenkonstanz) erreicht wird.
Schlammindex	ISV ml/g	Schlammindex wird rechnerisch ermittelt und ergibt sich als Quotient des Schlammvolumenanteils und des Trockensubstanzgehalts des Belebtschlammes.
Trockenrückstand	TR %	Nach dem festgelegten Trocknungsverfahren (105 ± 2 °C) enthaltener Massenanteil an fester Substanz in einem Schlamm. Er wird in Prozent oder Gramm je Kilogramm angegeben.
Glührückstand	GR %	Massenanteil des Rückstandes nach dem Glühen der Trockenmasse eines Schlammes bei 550 ± 25 °C. Er wird auf die Trockenmasse bezogen und in Prozent angegeben.

Literatur

Allgemeine Hinweise zur Laborarbeiten

1. Sicheres Arbeiten in chemischen Laboratorien; Gesellschaft Deutscher Chemiker, BAGUV, 1996

2. B. Cybulski; KA Betriebs-Info; DWA Hennef, 4.2009 (39) (S. 1664–1670)

3. DWA-A 704 – Betriebsmethoden für die Abwasseranalytik, DWA 2016

4. B. Cybulski, J. Feurer; DWA - Aufbaukurs Betriebsanalytik Stuttgart 2016

5. Charles E. Mortimer, Ulrich Müller „Chemie", Thime Verlag Stuttgart (S. 40–43,723)

Wassermessungen und Untersuchungen

6. WTW-„Applikationsberichte/Application Reports", Bestell-Nr. 999 028

7. Deutsche Einheitsverfahren, Wiley-VCH,Beuth, DIN 38 404 1984, C5, EN 27888, C8 , C9

8. WTW-Fibeln zur pH-, ISE-, Sauerstoff-, Leitfähigkeits-, BSB-, und Trübungsmessung sowie eine Sammlung von Applikationsberichten „Grundlagen der Meßtechnik/Principles of measuring technique", Bestell-Nr. 989 935 DUS

9. Handbuch für Umwelttechnische Berufe, Band 3 Fachkraft für Abwassertechnik, F. Hirthammer in der DWA, M. Fischer, H. Loy, G. Steinmann, B. Teichgräber, 2015

10. Die Untersuchung von Wasser E.Merck, Darmstadt, (S. 87–93)

11. P. Kunz, Eigen- und Prozesskontrolle in Kläranlagen VCH 1995, B Cybulski, H. Kapp (S.162–170)

12. WTW - Applikationsberichte/Application Reports, Bestell-Nr. 999 028

13. P. Kunz, Eigen- und Prozesskontrolle in Kläranlagen VCH 1995, B Cybulski, W. Körber (S.110–117)

14	Hach Lange Firmenunterlagen – TOC Messung. DOC 042.72.20008 Apr.05
15	WTW - OxiTop®Control-Applikationsberichte/OxiTop®Control-Application Reports, Bestell-Nr. 989 940
16	Hach Lange Firmenunterlagen (Saurstoffmessung) DOC 043.7200485.Dec06
17	WTW - Sammlung von Anwendungsberichten, Prozess-Steuerung und -Regelung auf der Kläranlage. Online-Messung von Ammonium und Nitrat, Bestell-Nr. 999 046D
18	Macherey-Nagel, (Stickstoffmessplatz) REF 919 100, REF 919 300, REF 985 083
19	Hach Lange Firmenunterlagen (Ammonium- Stickstoff) Allgemein: DOC 042.00.20009Oct07
20	Macherey-Nagel, Spektralphotometer *NANOCOLOR*®^{UV}/$_{VIS}$ (Nitratmessplatz) REF 919 100, REF 985 064
21	Hach Lange Firmenunterlagen (Stickstoffmessung) DOC 40.72.10015Dec08
22	Macherey-Nagel, (Nitritmessplatz mit Rundküvettentest *NANOCOLOR*® Nitrit 2, REF 985 068
23	P. Koppe, A. Stozek, Kommunales Abwasser Vulkan-Verlag, Essen 1986, 204–217
24	WTW-Gesamtkataloge„ Meßtechnik für Labor und Umwelt" Bestell-Nr. 999038D
25	Fahlber / Räthe Laborpraxis, Quantitative Analyse, Verlag Chemie Weinheim 1976 (S. 28–33)

Schlammmessungen und Untersuchungen

26	H. Kapp „Schlammfaulung mit hohem Feststoffgehalt", Stuttgarter Berichte zur Siedlungswasserwirtschaft, Bd. 86 (1985), Oldenbourg Verlag München
27	Deutsche Einheitsverfahren, Wiley-VCH, Beuth
28	Klärwärter-Taschenbuch, F. Hirthammer in der DWA, H. Felber, M. Fischer, 17. Auflage 2014

www.dwa.de

Dipl.-Ing. Chemie Barbara Cybulski

Laborleiterin (seit 1984) und Betriebsleiterin im Klärwerk Pforzheim (seit 2011).

Lehrerin des DWA-Landesverbandes Baden-Württemberg für chemisch ausgebildetes Fachpersonal (seit 1994).

Kursleiterin und Referentin: „Aufbaukurs Betriebsanalytik" (seit 1997) und „Workshop-Betriebsanalytik" (seit 2002).

Mitglied der Arbeitsgruppe DWA-A 704 bzw. AG KA-12.1 (seit 2003 bzw. 2009).

Gutachterin (DWA-Landesverband Baden-Württemberg) für die Auditierung von Betriebslaboratorien von kommunalen Abwasseranlagen (QE) (seit 2004).

Sie bearbeitete die Kapitel 1.4 - 2.11, 2.13 - 2.14, 2.21 - 3.5

Dipl.-Ing. Gert Schwentner

Studium Bauingenieurwesen an der Universität Stuttgart (1987)

Wissenschaftlicher Mitarbeiter am Institut für Siedlungswasserbau der Universität Stuttgart, Abteilung kommunale Abwasserbehandlung (bis 1992)

Leiter der Abteilung Stadtentwässerung beim Bauamt der Stadt Sindelfingen (seit 1993)

Lehrer der Kläranlagen-Nachbarschaften des Landesverbandes Baden-Württemberg (seit 2000)

Technischer Leiter der Kläranlagen-Nachbarschaften des Landesverbandes Baden-Württemberg (seit 2005)

Er bearbeitete die Kapitel 2.12, 2.15 - 2.19

Gemeinsam wurden verfasst Kapitel 1.1 - 1.3, 3.6 - 4

www.dwa.de

Handbuch zur Betriebsanalytik auf Kläranlagen

Barbara Cybulski // Gert Schwentner

3. Auflage 2017

Impressum

Herausgeber und Vertrieb:
Deutsche Vereinigung für
Wasserwirtschaft, Abwasser und Abfall e. V.
Theodor-Heuss-Allee 17
53773 Hennef, Deutschland

Tel.:   +49 2242 872-333
Fax: +49 2242 872-100
E-Mail: info@dwa.de
Internet: www.dwa.de

3. Auflage:
Juli 2017

Satz:
Inhalt: Dipl. Designer Parys Cybulski (parys@mac.com),
Umschlag: Christiane Krieg, DWA

Druck:
Siebengebirgsdruck, Bad Honnef

ISBN:
978-3-88721-487-6

© 3. Auflage, DWA Deutsche Vereinigung für Wasserwirtschaft, Abwasser und Abfall e. V., Hennef, 2017
© 1.-2. Auflage, F. Hirthammer Verlag GmbH, Oberhaching/München

Alle Rechte, insbesondere die der Übersetzung in andere Sprachen, vorbehalten. Kein Teil dieser Publikation darf ohne schriftliche Genehmigung des Herausgebers in irgendeiner Form – durch Fotokopie, Digitalisierung oder irgendein anderes Verfahren – reproduziert oder in eine von Maschinen, insbesondere von Datenverarbeitungsmaschinen, verwendbare Sprache übertragen werden.